U0265945

孩子最爱问的

十万个为什么·自然

# 气象 （第2版）

# 环境

李代娣 编著

黄河水利出版社

·郑州·

**图书在版编目(CIP)数据**

气象环境/ 李代娣编著 .—2 版 . —郑州 : 黄河水利
出版社,2019.1

　　(孩子最爱问的十万个为什么 . 自然)
　　ISBN 978-7-5509-2279-2

　　Ⅰ.①气… 　Ⅱ.①李… 　Ⅲ.①环境气象学—青少
年读物 　Ⅳ.①X16-49

中国版本图书馆 CIP 数据核字(2019)第 031460 号

出版发行:黄河水利出版社

社　　　址:河南省郑州市顺河路黄委会综合楼14层
电　　　话:0371-66026940　　邮政编码:450003
网　　　址:http://www.yrcp.com

印　　刷:河南承创印务有限公司
开　　本:787mm×1092mm　　1/16
印　　张:9.5
字　　数:148千字
版　　次:2019年1月第2版
定　　价:20.00元

# 前言

本书以简明易懂的语言,介绍了气象环境知识,为广大青少年构建起一座有关浩瀚的气象环境知识的宝库,在一定程度上满足了广大青少年的求知欲和好奇心。

全书由以下部分构成:天气篇、气候篇、陆地篇、灾害篇。

在天气篇,介绍了关于天气方面的知识,如:雷雨是怎么形成的? 哪里是雷雨最多的地方? 雪是怎么形成的? 哪里是降雪最多的地方? 等等。

在气候篇,介绍了关于气候方面的知识,如:气候是怎么形成的? 为什么贵州"天无三日晴"? 为什么加拿大丢了夏天? 拉尼娜现象会给气候带来什么改变? 等等。

在陆地篇,介绍了由气象环境所引起的地面现象,如:为什么有的洞穴会涌鱼? 风、水与冰的侵蚀会对地面产生什么影响? 岩石为什么会发声? 黄土高原是怎样形成的? 沼泽是怎样形成的? 盆地是怎样形成的? 冰山是怎样形成的? 等等。

在灾害篇,介绍了气象灾害方面的相关知识,如:寒潮是怎么形成的? 台风是如何形成的? 为什么会出现山洪灾害等等?

本书语言通俗易懂，叙述生动有趣，介绍的科学知识准确翔实，会让孩子们喜欢，并且对气象环境知识产生浓厚兴趣。相信本书能够帮助他们增长知识，开阔视野，为他们打开一扇了解气象环境的窗口，成为他们了解自然世界的最佳读物。

编　者

2018年9月于北京

# 目 录

## 天 气 篇

气候篇

陆 地 篇

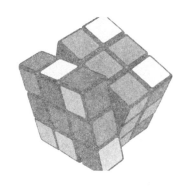

# 天气篇

## 什么是浮尘

浮尘是由于远地或本地产生沙尘暴或扬沙后,尘沙等细粒浮游空中而形成的,俗称"落黄沙",出现时远方物体呈土黄色,太阳呈苍白色或淡黄色,能见度小于10千米,大于1千米,基本上没什么明显的风。

# 什么是冰雹

冰雹必须在对流云中形成,当空气中的水汽随着气流上升,高度愈高,温度愈低,水汽就会凝结成液体状的水滴;如果高度不断增高,温度降到0℃以下时,水滴就会凝结成固体状的冰粒。气流上升运动的过程中,冰粒会吸附附近的小冰粒或水滴,而逐渐变大、变重,等到上升气流无法负荷它的重量时,冰粒便会往下掉,但这时的冰粒还不够大,如果这时能再遇到一波更强大的上升气流,把向下掉的冰粒再往上推,冰粒就能继续吸收小水滴凝结成冰。 在反复上升下降吸附凝结下,冰粒就会愈来愈大,等到冰粒长得够大够重,又没有足够的上升气流能够再将它往上推时,就会往地面掉落。到达地面时,还是呈现固体状的冰粒,就称之为冰雹;如果融化成水落下,那就变成雨了。由此可知,如果空气又暖又湿,有足够的水分,加上旺盛的对流状态,就有可能产生冰雹。有的冰雹松松软软的,就像雪一样,但有的冰雹,就像冰块一般,相当坚硬。如果降下的冰雹过大,就有可能造成农作物、建筑物甚至是人员的伤害,所以人们看到天降冰雹时,在惊喜之余,最好还是要小心自己的安全。

# 什么是霜

霜是水汽(也就是气态的水)在温度很低时,一种凝华现象,跟雪很类似。严寒的冬天清晨,户外植物上通常会结霜,这是因为夜间植物散热慢,地表的温度又特别低,水汽散发不快,还聚集在植物表面时就结冻了,因此形成霜。科学上,霜是由冰晶组成,和露的出现过程是雷同的,都是空气中的相对湿度到达100%时,水分从空气中析出的现象。它们的差别只在于露点(水汽液化成露的温度)高于冰点,而霜点(水汽凝华成霜的温度)低于冰点,因此只有近地表的温度低于0℃时,才会结霜。

# 什么是湿度

湿度一般在气象学中指的是空气湿度,它是空气中水蒸气的含量。空气中液态或固态的水不算在湿度中。不含水蒸气的空气称为干空气。由于大气中的水蒸气可以占空气体积的0～4%,一般在列出空气中各种气体的成分的时候是指这些成气体在干空气中所占的成分。

要表达空气湿度的高低,有多种可以利用的度量值,包括蒸汽压、绝对湿度、相对湿度、比湿、露点等。湿度计可以用来测量湿度。

# 什么是气压

气压的国际单位是帕斯卡(或简称帕),泛指气体对某一点施加的流体静力压强,来源是大气层中空气的重力,即单位面积上的大气压力。

在一般气象学中人们用千帕或百帕作为单位。测量气压的仪器叫气压表。在海平面的平均气压约为101.325千帕,这个值也被称为标准大气压。

气压的地区差别是气象变化的直接原因之一。气压是天气预报的一个重要的变量。

在地球上,其来源是大气层中空气的重力,一般正常的空气压力为6~7千克/立方厘米。在高处之上的大气层比较薄,那里的空气重力比低处要小,因此在高处的气压比在低处要低。比如在高山上气压比在海平面上要低。

# 什么是能见度

能见度又称可见度,指观察者离物体多远时仍然可以清楚看见该物体。气象学中,能见度被定义为大气的透明度。因此在气象学里,同一空气的能见度在白天和晚上是一样的。能见度的单位一般为米或千米。能见度对于航空、航海和陆上运输都非常重要。

能见度通常要好,看得距离远,需要有下列因素:

第一,刚下过雨(通常是夏季午后雷阵雨,或台风过后,也须视情况而定）。

第二,大气扩散条件良好,悬浮粒子与污染物较容易扩散。

第三,风向与地形配合。

第四,风速。

第五,台风来临前。

而低能见度出现的因素与时间,可能由下列因素所致:

第一,大气扩散条件不好,悬浮粒子与污染物不容易扩散,天空上方容易形成污染层。

第二,下雨中。

第三,有霾的时间。

# 雷雨是怎么形成的

雷雨,按其成因,常见的有两种:一种是对流旺盛所致的热雷雨,常见于夏季午后,范围小而雨时短;另一种是冷暖空气剧烈冲突,促使暖湿空气上升而致的降雨雷雨,其范围大,雨时也较长。

雷电是大气中的放电现象。气象上把伴有雷声的划为雷暴,把只见闪电而不闻雷声的划为远电。雷电产生于积雨云中,由于对流,积雨云中的小水滴不断碰撞分裂,产生正负电荷并各自不断大量聚积,若云与云之间或云与大地之间的电位差达一定程度,即发生猛烈的放电现象——闪电。在放电的路径上通过电流约1万安培,偶尔可达10万安培,使仅几厘米通道上的空气温度猛增,可高达上万摄氏度,致使体积骤然膨胀,发生爆炸声——雷声。由于光速比声速快,故先见闪电,后闻雷声。强烈的雷电有时会毁坏建筑物和击毙人畜,但雷雨亦可使土壤提高肥力,增加含氮量。

雷雨云的云底是带电荷的,这种电荷能使地面发生感应,并产生与云底的电性质不同的电荷,即"感应电荷"。众所周知,电荷是同性相斥、异性相吸。感应电荷在小范围的地面是同一性质,相互排斥的,其结果将使电荷移到地面弯曲得最厉害的地方去,致使高耸地面上的物体上部,感应电荷最多最密,对雷雨云底部不同性质电荷的吸引力也最强。因此,地面高耸突出的物体最容易遭雷击,所以要特别注意防雷击。

## 哪 里 是 雷 雨 最 多 的 地 方

电闪雷鸣,伴以滂沱大雨,这种自然现象是在强盛的积雨云条件下,通过大气垂直对流而形成的。低纬度地区是雷雨天气的多发地,如亚洲的印度尼西亚、非洲的中部、北美的墨西哥南部、巴拿马、南美的巴西中部等。世界上雷雨最多的地方要属印度尼西亚的茂物市,一年中有322天电光闪闪,雷声隆隆,有时一天要下几场雷雨,一年要下1400多场。看来,茂物市不愧为"世界雷雨之都"。

茂物市地处赤道附近,南面紧挨火山熔岩高原以及多座高达两三千米的火山。大气的热力对流本已十分旺盛,再加上从爪哇海刮到这里的湿热气团迫于地形所阻而急剧上升,很容易形成积雨云。茂物市每日的天气变化很有规律。上午一般天气晴朗。中午,天空积雨云越积越厚。午后,积雨云势如排山倒海,瞬间便雷电交加,暴雨倾盆。雨后,空气特别清新,不久全城又沐浴在赤道的骄阳之下了,行人身上被淋湿的单薄衣着也就很快就被晒干了。

智利南部的巴伊亚利克斯地区,雨天也特别多,一年365天中竟有325天在下雨!为什么这儿一年里有这么多天下雨呢?原来,它正处于南半球西风带的控制之下,强劲的西风几乎天天从太平洋带来大量的水汽,加上地形的抬升作用,水汽便升向高空,凝成雨滴,降落至地面,从而使它成了世界上雨天最多的地方。

我国雷雨多发区分布在南方潮湿的地区。最多的地方当属云南省的西双版纳和海南省,其中海口市每年有118天,儋县有124天,景洪有122天,勐腊有128天是雷雨天气。云南的勐腊就当之无愧是我国的"雷雨之都"了。

## 雪是怎么形成的

雪是水或冰在空中凝结再落下的自然现象,或指落下的雪花。雪是水在固态的一种形式。雪只会在很冷的温度及温带气旋的影响下才会出现,

因此亚热带地区和热带地区下雪的机会较少。

雪花多呈六角形,花样之所以繁多,是因为冰的分子以六角形为最多。对于六角形片状冰晶来说,由于它的面上、边上和角上的曲率不同,相应地具有不同的饱和水汽压,其中角上的饱和水汽压最大,边上次之,平面上最小。在实有水汽压相同的情况下,由于冰晶各部分饱和水汽压不同,其凝华增长的情况也不相同。例如当实有水汽压仅大于平面的饱和水汽压时,水汽只在面上凝华,形成的是柱状雪花。当实有水汽压大于边上的饱和水汽压时,边上和面上都会发生凝华。由于凝华的速度还与曲率有关,曲率大的地方凝华较快,故在冰晶边上凝华比面上快,多形成片状雪花。当实有水汽压大于角上的饱和水汽压时,虽然面上、边上、角上都有水汽凝华,但尖角处位置突出。水汽供应最充分,凝华增长得最快,故多形成枝状或星状雪花。再加上冰晶不停地运动,它所处的温度和湿度条件也不断变化,这样就使得冰晶各部分增长的速度不一致,形成多种多样的雪花。

虽然靠近地面的空气在0℃以上,但是这层空气不厚,温度也不很高,会使雪花没有来得及完全融化就落到了地面。这叫作降"湿雪",或"雨雪并降"。这种现象在气象学里叫"雨夹雪"。

## 哪里是降雪最多的地方

白雪皑皑、银装素裹是人们喜欢的一种景象。东北是我国降雪最多的地方,那里的人都喜欢雪。它为滑雪运动者提供了天然的场所,人们还可以驾着雪橇奔驰在白茫茫的原野上,真是其乐无穷。

世界上一年当中下雪最多的地方是美国首都华盛顿,年降雪量竟达1870毫米。

为什么华盛顿会下这么多的雪呢?一般下雪要满足两个条件:一是温度要降至0℃以下;二是要有充沛的水汽。因为华盛顿离大西洋、五大湖都很近,水汽来源十分充沛,同时,来自格陵兰岛的冷空气常常光顾这里,因此这里便成了世界上年降雪量最多的地方。

## 地球上哪里的太阳光最多

20世纪60年代人们以为是南美的波多黎各。因为那里每年有362天阳光普照,只有3天左右是阴天。气象工作者在那里连续观测了6年,其中只有17天是阴天。到了20世纪70年代,气象观测站增多了,人们发现撒哈拉沙漠的东部阳光最多,也就是说,每天大约有11小时45分钟的时间能见到光辉灿烂的太阳,年平均日照时数达4300小时。因为这里没有能遮住阳光的云层,更是世界上最干燥的地方,加上这里日照时间长,纬度较低,因而成了世界上太阳光最多的地方!

## 云是怎么形成的

云是指停留在大气层上的水滴或冰晶胶体的集合体。云是地球上庞大的水循环的有形的结果。太阳照在地球的表面,水蒸发形成水蒸气,一旦水汽过饱和,水分子就会聚集在空气中的微尘(凝结核)周围,由此产生

的水滴或冰晶将阳光散射到各个方向,这就产生了云的外观。

形成云的原因很多,主要是由于潮湿空气上升。在上升的过程中,外界气压随高度降低,使它的体积逐渐膨胀,在膨胀过程中要消耗自己的热量。这样,空气边上升,边降温。空气含水汽的能力是有一定限度的。在一定的气温下,与单位体积空气的最大限度含水量所相应的水汽压,称为饱和水汽压。饱和水汽压是随气温的降低而减小的。所以,上升空气的气温降低了,饱和水汽压也就不断地减小,当饱和水汽压降到实有水汽压之下时,就会有一部分水汽以空中烟粒微尘为核(称为凝结核),凝结成为小水滴(当温度低于0℃时,可形成小冰晶)。这些小水滴在云体中称为云滴,平均半径只有几个微米,但厚度却很大,下降的速度极小,被空气中的上升气流顶托着,因此能够悬浮在空中成为浮云。

为什么云形成于当潮湿空气上升并遇冷时的区域。这可能发生在:

①锋面云,锋面上暖气团抬升成云。

②地形云,当空气沿着正地形上升时。

③平流云,当气团经过一个较冷的下垫面时,例如一个冷的水体。

④对流云,因为空气对流运动而产生的云。

⑤气旋云,因为气旋中心气流上升而产生的云。

那么，为什么会出现不同颜色的云？

各种云体的厚薄相差很大，厚的可达七八千米，薄的只有几十米。很厚的层状云，或者雷雨时壅塞天空的积雨云，光线很难透射过来，云体看起来就很黑，稍微薄一点的层状云和波状云，看起来就是灰色的。而很薄的云，光线容易透过，特别是由冰晶组成的薄云，云体在阳光下显得特别明亮，带有丝状光泽，有时云层薄得几乎看不出来。

当日出和日落的时候，由于太阳光线是斜射过来的，穿过很厚的大气层、空气中的分子、水汽和杂质，使得光线的短波部分大量散射，而红色、橙色的长波部分，却散射得不多，因而照射到大气下层时，长波光（其中特别是红光）占着绝对的多数，这时不仅日出、日落方向的天空是红色的，就连被它照亮的云层底部和边缘也变成红色了。

清晨，太阳刚刚出来的时候，或者傍晚太阳落山的时候，天边的云彩常常是通红的一片，像火烧的一样。人们把这种通红的云，叫作火烧云，又叫朝霞和晚霞。有时候，没有云，天边也会出现火红的颜色，这叫火烧天。火烧云可以预测天气，民间流传的谚语"早烧不出门，晚烧行千里"，就是说，火烧云或火烧天如果出现在早晨，天气可能会变坏；如果出现在傍晚，第二天准是个好天气。

# 云有哪些类型

云按照高度分类通常可分为四大类型，即高云、中云、低云和直展云。高云的云层高度在6000米以上，通常又分为卷云、卷层云、卷积云；中云云底高度在2500米至6000米之间，一般分为高层云和高积云；低云云底高度低于2500米，又分为层积云、层云和雨层云；直展云云底高度低于2500米，有积云和积雨云之分。积雨云的云浓而厚，云体庞大如耸立高山，顶部开始冻结，轮廓模糊，有的有毛丝般纤维结构，底部十分阴暗，常有雨幡、碎雨云。

# 云能预测天气吗

民间早就认识到可以通过观云来预测天气变化。1802年，英国博物学家卢克·霍华德提出了著名的云的分类法，使观云测天气更加准确。霍华德将云分为三类：积云、层云和卷云。这三类云加上表示高度的词和表示降雨的词，产生了十种云的基本类型。根据这些云相，人们掌握了一些比较可靠的预测未来12个小时天气变化的经验。比如：绒毛状的积云如果分布非常分散，可表示为好天气，但是如果云块扩大或有新的发展，则意味着会突降暴雨。

最轻盈、站得最高的云，叫卷云。这种云很薄，阳光可以透过云层照到地面，房屋和树木的光与影依然很清晰。卷云丝丝缕缕地飘浮着，有时像一片白色的羽毛，有时像一缕洁白的绫纱。如果卷云成群成行地排列在空中，好像微风吹过水面引起的鳞波，这就成了卷积云。卷云和卷积云都很高，那里水分少，它们一般不会带来雨雪。还有一种像棉花团似的白云，叫积云。它们常在2000米左右的天空，一朵朵分散着，映着灿烂的阳光，云块四周散发出金黄的光辉。积云都在上午出现，午后最多，傍晚渐渐消散。

在晴天，我们还会偶见一种高积云。高积云是成群的扁球状的云块，排列很匀称，云块间露出碧蓝的天幕，远远望去，就像草原上雪白的羊群。卷云、卷积云、积云和高积云，都是很美丽的。

当连绵的雨雪将要来临的时候，卷云在聚集着，天空渐渐出现一层薄云，仿佛蒙上了白色的绸幕。这种云叫卷层云。卷层云慢慢地向前推进，天气就将转阴。接着，云层越来越低，越来越厚，隔着云看太阳或月亮，就像隔了一层毛玻璃，朦胧不清。这时卷层云已经改名换姓，该叫它高层云了。出现了高层云，往往在几个小时内便要下雨或者下雪。最后，云压得更低，变得更厚，太阳和月亮都躲藏了起来，天空被暗灰色的云块密密层层地布满了。这种云叫雨层云。雨层云一形成，连绵不断的雨雪也就降临了。

夏天，雷雨到来之前，在天空会先看到淡积云。淡积云如果迅速地向上凸起，形成高大的云山，群峰争奇，耸入天顶，就发展成浓积云。当云顶由冰晶组成时，有白色毛丝般光泽的丝缕结构，常呈铁砧状或马鬃状，就变成了积雨云。积雨云越长越高，云底慢慢变黑，云峰渐渐模糊。不一会，整座云山崩塌了，乌云弥漫了天空。顷刻间，雷声隆隆，电光闪闪，马上就会哗啦哗啦地下起暴雨。有时竟会带来冰雹或者龙卷风。

我们还可以根据云上的光彩现象，推测天气的情况。在太阳和月亮的周围，有时会出现一种美丽的七彩光圈，里层是红色的，外层是紫色的。这种光圈叫作晕。日晕和月晕常常产生在卷层云上，卷层云后面的大片高层云和雨层云，是大风雨的征兆。所以有"日晕三更雨，月晕午时风"的说法。说明出现卷层云，并且伴有晕，天气就会变坏。另有一种比晕小的彩色光环，叫作"华"。颜色的排列是里紫外红，跟晕刚好相反。日华和月华大多产生在高积云的边缘部分。华环由小变大，天气趋向晴好。华环由大变小，天气可能转为阴雨。夏天，雨过天晴，太阳对面的云幕上，常会挂上一条彩色的圆弧，这就是虹。人们常说："东虹轰隆西虹雨"。意思是说，虹在东方，就有雷无雨；虹在西方，将有大雨。还有一种云彩常出现在清晨或傍晚。太阳照到天空，使云层变成红色，这种云彩叫作霞。朝霞在西，表明阴

雨天气在向我们进袭；晚霞在东，表示最近几天里天气晴朗。所以有"朝霞不出门,晚霞行千里"的谚语。

# 闪电是怎么形成的

闪电是发生在积雨云层中的一种放电现象。最常见的是线状闪电,有的像大树枝丫,有的弯曲如蛇;有时单条出现,有时双条出现。还有链状闪电,它像一条光链在空中挥舞,不时改变开头和位置。此外,还有片状闪电。这种闪电是一片片地散布在空中,照亮了周围的云层。最奇特的要数球形闪电了。它就像一个大火球一样在空中出现,有时在空中运动,有时在地上乱窜,有时会袭击人的身体,有时会闯入室内。浓密的积雨云由许多云朵组成,聚集着大量的正负电荷。通常是云层上部带正电荷,云层下部带负电荷。这样,同种相斥、异种相吸,在地面就感应出大量正电荷。当云中的电荷越聚越多,达到一定数量时,云与地面间的空气层就会被击穿,强行汇合。这时,伴随着极强的电流,空气被烧得炽热,就会发出耀眼的白光,产生电火花。

# 你知道闪电的过程吗

如果我们在两根电极之间加很高的电压,并把它们慢慢地靠近。当两根电极靠近到一定的距离时,在它们之间就会出现电火花,这就是所谓"弧光放电"现象。

雷雨云所产生的闪电,与上面所说的弧光放电非常相似,只不过闪电是转瞬即逝,而电极之间的火花却可以长时间存在。因为在两根电极之间的高电压可以人为地维持很久,而雷雨云中的电荷经放电后很难马上补充。当聚集的电荷达到一定的数量时,在云内不同部位之间或者云与地面之间就形成了很强的电场。电场强度平均可以达到每厘米几千伏特,局部区域可以高达每厘米1万伏特。这么强的电场,足以把云内外的大气层击穿,于是在云与地面之间或者在云的不同部位之间以及不同云块之间激发出耀眼的闪光。这就是人们常说的闪电。

肉眼看到的一次闪电,其过程是很复杂的。当雷雨云移到某处时,云的中下部是强大负电荷中心,云底相对的下垫面变成正电荷中心,在云底与地面间形成强大电场。在电荷越积越多,电场越来越强的情况下,云底首先出现大气被强烈电离的一段气柱,称梯级先导。这种电离气柱逐级向地面延伸,每级梯级先导是直径约5米、长50米、电流约100安培的暗淡光柱。它以平均约150千米/秒的高速度一级一级地伸向地面,在离地面5~50米左右时,地面便突然向上回击,回击的通道是从地面到云底,沿着上述梯级先导开辟出的电离通道。回击以5万千米/秒的更高速度从地面驰向云底,发出光亮无比的光柱,历时40微秒,通过电流超过1万安培,这即第一次闪击。相隔几秒之后,云中一根暗淡光柱,携带巨大电流,沿第一次闪击的路径飞驰向地面,称直窜先导。当它离地面5~50米时,地面再向上回击,再形成光亮无比的光柱,这即第二次闪击。接着又类似第二次闪击那样产生第三、第四次闪击。通常由3~4次闪击构成一次闪电过程。一次闪电过程历时约0.25秒,在此短时间内,窄狭的闪电通道上要释放巨大的电

能,因而形成强烈的爆炸,产生冲击波,然后形成声波向四周传开,这就是雷声或说"打雷"。

## 真的有黑色闪电吗

黑色闪电的形成令科学家无法解释。长期以来,人们的心目中只有蓝白色闪电,这是空中的大气放电的自然现象,一般均伴有耀眼的光芒!而从未看见过不发光的黑色闪电。可是,科学家通过长期的观察研究确实证明有黑色闪电存在。

1974年6月23日,苏联天文学家契尔诺夫就曾经在扎巴洛日城看见一次黑色闪电:一开始是强烈的球状闪电,紧接着,后面就飞过一团黑色的东西,这东西看上去像雾状的凝结物。经过研究分析表明:黑色闪电是由分子气凝胶聚集物产生的,而这些聚集物是发热的带电物质,极容易爆炸或转变为球状的闪电,其危险性极大。

观察研究认为:黑色闪电一般不易出现在近地层,如果出现了,则较容易撞上树木、桅杆、房屋和其他金属。一般呈现瘤状或泥团状,初看似一团脏东西,极容易被人们忽视,而它本身却载有大量的能量。所以,它是"闪电族"中危险性和危害性均较大的一种。尤其是,黑色闪电体积较小,雷达难以捕捉;而且,它对金属物极具"青睐",因而被飞行人员称作"空中暗雷"。飞机在飞行过程中,倘若触及黑色闪电,后果将不堪设想。而每当黑色闪电距离地面较近时,又容易被人们误认为是一只飞鸟或其他什么东西,不易引起人们的警惕和注意;如若用棍物击打触及,则会迅速发生爆炸,有使人粉身碎骨的危险。另外,黑色闪电和球状闪电相似,一般的避雷设施如避雷针、避雷球、避雷网等,对黑色闪电起不到防护作用,因此它常常极为顺利地到达防雷措施极为严密的储油罐、储气罐、变压器、炸药库的附近。此时此刻,千万不能接近它。应当避而远之,以人身安全为要。

# 为什么天空会出现彩虹

彩虹是气象中的一种光学现象。当阳光照射到半空中的雨点，光线被折射及反射，在天空上形成拱形的七彩的光谱。彩虹七彩颜色，从外至内分别为:红、橙、黄、绿、蓝、靛、紫。

彩虹是一种自然现象，是由于阳光射到空气的水滴里，发生光的反射和折射造成的。

彩虹是因为阳光射到空中接近圆形的小水滴，造成色散及反射而成。阳光射入水滴时会同时以不同角度入射，在水滴内亦以不同的角度反射。当中以40°~42°的反射最为强烈，形成我们所见到的彩虹。形成这种反射时，阳光进入水滴，先折射一次，然后在水滴的背面反射，最后离开水滴时再折射一次。因为水对光有色散的作用，不同波长的光的折射率有所不同，蓝光的折射角度比红光大。由于光在水滴内被反射，所以观察者看见的光谱是倒过来的，红光在最上方，其他颜色在下。

其实只要空气中有水滴，而阳光正在观察者的背后以低角度照射，便可能产生可以观察到的彩虹现象。彩虹最常在下午，雨后刚转天晴时出

现。这时空气内尘埃少而充满小水滴,天空的一边因为仍有雨云而较暗。而观察者头上或背后已没有云的遮挡而可见阳光,这样彩虹便会较容易被看到。另一个经常可见到彩虹的地方是瀑布附近。在晴朗的天气下背对阳光在空中洒水或喷洒水雾,亦可以人工制造彩虹。

空气里水滴的大小,决定了彩虹的色彩鲜艳程度和宽窄。空气中的水滴大,虹就鲜艳,也比较窄;反之,水滴小,虹色就淡,也比较宽。我们面对着太阳是看不到彩虹的,只有背着太阳才能看到彩虹,所以早晨的彩虹出现在西方,黄昏的彩虹总在东方出现。可我们看不见,只有乘飞机从高空向下看,才能见到。虹的出现与当时天气变化相联系,一般我们从虹出现在天空中的位置可以推测当时将出现晴天或雨天。东方出现虹时,本地是不大容易下雨的,而西方出现虹时,本地下雨的可能性却很大。

彩虹的明显程度,取决于空气中小水滴的大小,小水滴体积越大,形成的彩虹越鲜亮,小水滴体积越小,形成的彩虹就不明显。夏天常常下雷雨或阵雨,这些雨的范围不大,往往是这边天空在下雨,那边天空仍闪耀着强烈的阳光。有时候,雨过以后,天空还飘浮着许多小水滴,这些小水滴能偏折日光。当阳光经过水滴时,不仅改变了前进的方向,同时被分解成红、橙、黄、绿、蓝、靛、紫七色光,如果角度适宜,就成了我们所看到的彩虹。空气中的水滴越大,虹越鲜艳,水滴越小,如像雾滴那样大时,虹色越淡,形成白虹。冬天不大会出现虹,是因为天气较冷,空气干燥,下雨机会少,阵雨就更少,多数是降雪,而降雪是不会形成虹的。但在极少的情况下,天空中具有形成虹的恰当条件时,也有可能出现虹。

# 晴朗的天空为什么呈现蓝色

太阳光射入大气后,遇到大气分子和悬浮在大气中的微粒就会发生散射。这些大气分子就变成了一个散射光的光源。它们向四面八方发出光来。在太阳光谱中,波长较短的如紫、蓝、靛等颜色的光波最容易被大气分子和微粒散射出来。波长较长的如红、橙、黄等颜色的光波透射力最强,它们能透过大气分子而保持原来的前进方向。这样光波的分离作用就此发生了,而颜色也就出现了。

# 天空为什么会降落酸雨

酸雨是呈现酸性的雨水,有时酸雨的酸性较强,落到人的身上,往往会使人有灼痛之感。酸雨是一种灾害性较强的雨水,它往往给自然界造成严重的生态破坏,并直接威胁着动物、植物的生存。酸雨是由于工厂大量燃烧石油、天然气,排放出大量的二氧化碳和含有硫、氮的氧化物,进入到大气中后,在空中发生化学反应所形成的碳酸和硝酸,随着雨水一起降落到地面而形成的。

# 彩虹为什么总是弯曲的

第一,光的波长决定光的弯曲程度。

事实上如果条件合适的话,可以看到整圈圆形的彩虹。彩虹的形成是太阳光射向空中的水珠经过折射→反射→折射后射向我们的眼睛所形成的。

想象你看着东边的彩虹,太阳在从背后的西边落下。白色的阳光(彩虹中所有颜色的组合)穿越了大气,向东通过了你的头顶,碰到了从暴风雨落下的水滴。当一道光束碰到了水滴,会有两种可能:一是光可能直接穿透过去,或者更有趣的是,它可能碰到水滴的前缘,在进入水滴内部时产生

弯曲,接着从水滴后端反射回来,再从水滴前端离开,往我们这里折射出来。这就是形成彩虹的光。

光穿越水滴时弯曲的程度,视光的波长(颜色)而定——红色光的弯曲度最大,橙色光与黄色光次之,依次类推,弯曲最小的是紫色光。

每种颜色各有特定的弯曲角度,阳光中的红色光,折射的角度是42°,蓝色光的折射角度只有40°,所以每种颜色在天空中出现的位置都不同。

若你用一条假想线,连接你的后脑勺和太阳,那么与这条线呈42°夹角的地方,就是红色所在的位置。这些不同的位置勾勒出一个弧。既然蓝色与假想线只呈40°夹角,所以彩虹上的蓝弧总是在红色的下面。

第二,与地球的形状有很大的关系。

由于地球表面是一个曲面并且被厚厚的大气所覆盖,雨后空气中的水含量比平时高,当阳光照射入空气中的小水滴时就形成了折射。同时,地球表面的大气层为一弧面从而导致了阳光在表面折射形成了我们所见到的弧形彩虹!

## 雾是怎么形成的

在水汽充足、微风及大气层稳定的情况下,当接近地面的空气冷却至某程度时,空气中的水汽便会凝结成细微的水滴悬浮于空中,使地面水平的能见度下降,这种天气现象称为雾。雾的出现以春季2~4月间较多。凡是大气中因悬浮的水汽凝结,能见度低于1千米时,气象学称这种天气现象为雾。

雾形成的条件一是冷却,二是加湿,三是有凝结核。雾形成的原因,一种是增加水汽含量,由辐射冷却形成的,多数出现在晴朗、微风、近地面水汽比较充沛且比较稳定或有逆温存在的夜间和清晨,气象上叫辐射雾;另一种是暖而湿的空气做水平运动,经过寒冷的地面或水面,逐渐冷却而形成的雾,气象上叫作平流雾;有时兼有两种原因形成的雾叫混合雾。可以看出,具备这些条件的就是深秋初冬,尤其是深秋初冬的早晨。

我们还可以看到一种蒸发雾,即冷空气流经温暖水面,如果气温与水温相差很大,则因水面蒸发大量水汽,在水面附近的冷空气便发生水汽凝结成雾。这时雾层上往往有逆温层存在,否则对流会使雾消散。所以蒸发雾范围小、强度弱,一般发生在下半年的水塘周围。

城市中的烟雾是另一种原因造成的,那就是人类的活动。早晨和晚上正是供暖锅炉的高峰期,大量排放的烟尘悬浮物和汽车尾气等污染物在低

气压、风小的条件下,不易扩散,与低层空气中的水汽相结合,比较容易形成烟尘(雾),而这种烟尘(雾)持续时间往往较长。

雾消散的原因,一是由于下垫面的增温,雾滴蒸发;二是风速增大,将雾吹散或抬升成云;再有就是湍流混合,水汽上传,热量下递,近地层雾滴蒸发。

雾的持续时间长短,主要和当地气候干湿有关。一般来说,干旱地区多短雾,多在1小时以内消散,潮湿地区则以长雾最多见,可持续6小时左右。

此外,有雾还不能有风。不然,空气中的小水珠被风吹散,雾也是聚不起来的。

雾是千变万化、纷繁复杂的,但是只要掌握了辐射雾、平流雾的特征,多方观察,仔细分析,就能准确地抓住雾与天晴、落雨的规律,以便预测天气了。这对于农业、交通、航天、航海都有用处。

雾与未来天气的变化有着密切的关系。自古以来,我国劳动人民就掌握这一规律了,并反映在许多民间谚语里。如:"黄梅有雾,摇船不问路。"这是说春夏之交的雾是雨的先兆,故民间又有"夏雾雨"的说法。又如:"雾大不见人,大胆洗衣裳。"这是说冬雾兆晴,秋雾也如此。

准确地看雾知天,还必须看雾持续的时间。辐射雾是由于天气受冷,水汽凝结而成,所以白天温度一升高,就烟消云散,天气晴好;反之,"雾不散就是雨"。雾若到白天还不散,第二天就可能是阴雨天了,因此民谚说:"大雾不过晌,过晌听雨响。"

## 为什么同样是雾,有的兆雨,有的兆晴呢

这要从气象学的知识里得到解释。只要低层空气的水汽含量较多,赶上夜间温度骤降,水汽就会凝结成雾。雾有辐射雾,即在较为晴好、稳定的情况下形成的雾,只要太阳出来,温度升高,雾就自然消失。对此,民间的

说法是："清晨雾色浓,天气必久晴。""雾里日头,晒破石头。""早上地罩雾,尽管晒稻。"人们见辐射雾,往往"十雾九晴"。

秋冬季节,北方的冷空气南下后,随着天气转晴和太阳的照射,空气中水分的含量逐渐增多,容易形成辐射雾,因此秋冬的雾便往往能预报明天的好天气。

春夏季节的雾便不同了,它大多来自海上的暖湿空气流,碰到较冷的地面,下层空气也变冷,水汽就凝结成雾了。这种雾叫平流雾。它是海上的暖湿空气侵入大陆,突然遇冷而形成的。这些暖湿气流与大陆的干冷空气相遇,自然就阴雨绵绵了。所以春夏雾预示着天气阴雨。

雾与天气的关系如此密切,故可以看雾知天气的变化了。不过,上述的关于辐射雾、平流雾的解释只是就大体情况而言的。雾与天气的关系并不如此简单,还有许多复杂的内容,因此不能生搬硬套,而要具体情况具体分析。也就是说,要准确地看雾知天,还要多方面观察、分析,进行综合判断。

# 在哪里能看到夜空光带

我国黑龙江省的加格达奇夜空曾出现了一种奇特而瑰丽的景象。在西方的地平线上,突然出现一个亮点,最初它按着近似螺旋的轨迹,然后沿着近似"W"的曲线上升。亮点的尾部留下一条橙黄色光带,像火烧的云一样美丽。几分钟后亮点周围又出现了淡蓝色的圆底盘,随着亮点一边升高,一边扩展,一边向东方缓缓移动,此时,整体形状酷似卫星地面接收站的天线。光点携带着底盘升到了人们的头顶,并迅速扩散。由于面积不断扩大,原来的淡蓝色逐渐变成了乳白色。此时亮点一闪一闪,射下一束束扇状的光面,2分钟后便慢慢地消失。这时,西方低空中的光带仍然存在,并在上方扩展成一个淡蓝色的云团,状如一个倒放的烟斗。约经半小时,这条橙黄色的光带和淡蓝色的云团才先后消失。这一奇异景象,漠河县、

呼中区、新林区等地的居民也都看到了。人们异常兴奋,相互猜测着这一奇异景象的由来,是北极光呢,还是别的什么自然现象?至今这仍是一个谜。

1957年3月2日夜晚,在黑龙江呼玛县的上空也曾出现过离奇的光带。

那天晚上7点多钟,天色刚黑,在呼玛气象站的北面,西北方的天空中出现了几个稀有的彩色光点,接着光点放射出不断变化的橙黄色的强烈光线,把整个北方天空照得血红。不久光带渐渐模糊尔成幕状,如同天空中挂着一幅艳丽夺目的彩色帷幕。而后,彩幕逐渐变弱消失。过了一个半小时,天空又出现了几个光点,放射出几十支光柱和色带,忽隐忽现。渐渐又变成了一幅美丽闪耀的彩色光幕。从光幕里偶而射出几束橙黄色的强烈光柱,接着光幕变弱,光柱也消失了。

奇怪的是同一天晚上7点钟,新疆北部阿尔泰北山背后的天空中也出现了鲜艳的红光,好像那里的山林起火似的。过了一会,在红色的天空里,射出很多垂直于地面的白色片状中略带黄色的光带,以后越来越淡,变成银白色,直到消失。

# 寒冬腊月为什么会出现"彩虹"飞

彩虹是由红、橙、黄、绿、蓝、靛、紫这几种颜色组成的光带,是由太阳光穿透雨的颗粒时形成的。原本光是笔直行进的,但它也具有一旦进入水中就会折射的性质。因此,太阳光在通过雨的颗粒时就会折射。此时,由于光折射的角度因颜色而各异,七种颜色会以各自不同的角度折射。所以,七种颜色会很漂亮地排列起来。这就是形成彩虹的原理。因为彩虹呈现于与太阳方向相反的天空,所以想在雨后看彩虹时要背对着太阳。

1989年1月16日17时20分至45分,我国新疆阿尔泰市正南天空中出现了两道呈X形的"彩虹"。据阿尔泰一些老人说,从未见过这种奇怪的现象。据气象部门介绍,这种现象类似彩虹,但不是彩虹,在气象上被称作"晕"。它是太阳光线照在最高云层——卷云中才能产生的一种折射和反射现象,不过在冬季发生,尚属罕见。

# 海市蜃楼是怎么形成的

平静的海面、大江江面、湖面、雪原、沙漠或戈壁等地方,偶尔会在空中或"地下"出现高大楼台、城廓、树木等幻景,称海市蜃楼。我国山东蓬莱海面上常出现这种幻景,古人归因于蛟龙之属的蜃,吐气而成楼台城廓,海市蜃楼因而得名。

为什么会产生这种现象呢?要解答这个问题,得先从光的折射谈起。

当光线在同一密度的均匀介质内进行的时候,光的速度不变,它以直线的方向前进,可是当光线倾斜地由这一介质进入另一密度不同的介质时,光的速度就会发生改变,进行的方向也发生曲折,这种现象叫作折射。当你用一根直杆倾斜地插入水中时,可以看到杆在水下部分与它露在水上的部分好像折断的一般,这就是光线折射所成的。有人曾利用装置,使光

线从水里投射到水和空气的交界面上，就可以看到光线在这个交界面上分成两部分：一部分反射到水里，一部分折射到空气中去。如果转动水中的那面镜子，使投向交界面的光线更倾斜一些，那么光线在空气中的折射现象就会显得更厉害些。

空气本身并不是一个均匀的介质。在一般情况下，它的密度是随高度的增大而递减的，高度越高，密度越小。当光线穿过不同高度的空气层时，总会引起一些折射，但这种折射现象在我们日常生活中已经习惯了，所以不觉得有什么异样。

可是当空气温度在垂直变化时出现反常时，会导致与通常不同的折射和全反射，这就会产生海市蜃楼的现象。由于空气密度反常的具体情况不同，海市蜃楼出现的形式也不同。

在夏季，白昼海水温度比较低，特别是有冷水流经过的海面，水温更低，下层空气受水温影响，较上层空气为冷，出现下冷上暖的反常现象（正常情况是下暖上凉，平均每升高100米，气温降低0.6℃左右）。下层空气本来就因气压较高，密度较大，现在再加上气温又较上层为低，密度就显得特别大，因此空气层下密上稀的差别异常显著。

假使在我们的东方地平线下有一艘轮船,一般情况下是看不到它的。如果由于这时空气下密上稀的差异太大了,来自船舶的光线先由密的气层逐渐折射进入稀的气层,并在上层发生全反射,又折回到下层密的气层中来,经过这样弯曲的线路,最后投入我们的眼中,我们就能看到它的像。由于人的视觉总是感到物像是来自直线方向的,因此我们所看到的轮船影像比实物抬高了许多,所以叫作上现蜃景。

我国渤海中有个庙岛群岛,在夏季,白昼海水温度较低,空气密度会出现显著的下密上稀的差异,在渤海南岸的蓬莱县(古时又叫登州),常可看到庙岛群岛的幻影。宋代时候的沈括,在他的名著《梦溪笔谈》里就有这样的记载:"登州海中时有云气,如宫室台观,城堞人物,车马冠盖,历历可睹。"

这就是他在蓬莱所看到的上现蜃景。1933年5月22日上午11点多钟,青岛前海(胶州湾外口)竹岔岛上也曾发现过上现蜃景,一时轰传全市,很多人前往观看。1975年在广东省附近的海面上,曾出现一次延续6小时的上现蜃景。

不但夏季在海面上可以看到上现蜃景,在江面有时也可看到,例如1934年8月2日在南通附近的江面上就出现过。那天酷日当空,天气特别

热,午后,突然发现长江上空映现出楼台城廓和树木房屋,全部蜃景长10多千米。约半小时后,向东移动,突然消逝。后又出现三山,高耸入云,中间一山,很像香炉,又隔了半小时,才全部消失。

在沙漠里,白天沙石被太阳晒得灼热,接近沙层的气温升高极快。由于空气不善于传热,所以在无风的时候,空气上下层间的热量交换极小,遂使下热上冷的气温垂直差异非常显著,并导致下层空气密度反而比上层小的反常现象。在这种情况下,如果前方有一棵树,它生长在比较湿润的一块地方,这时由树梢倾斜向下投射的光线,因为是由密度大的空气层进入密度小的空气层,会发生折射。折射光线到了贴近地面热而稀的空气层时,就发生全反射,光线又由近地面密度小的气层反射回到上面较密的气层中来。这样,经过一条向下凹陷的弯曲光线,把树的影像送到人的眼中,就出现了一棵树的倒影。

由于倒影位于实物的下面,所以又叫下现蜃景。这种倒影很容易给予人们以水边树影的幻觉,以为远处一定是一个湖。凡是曾在沙漠旅行过的人,大都有类似的经历。影片《登上希夏邦马峰》的一位摄影师,行走在一片广阔的干枯草原上时,也曾看见这样一个下现蜃景,他朝蜃景的方向跑去,想汲水煮饭。等他跑到那里一看,什么水源也没有,才发现是上了蜃景的当。这是因为干枯的草和沙子一样,可以被烈日晒得热浪滚滚,使空气层的密度从下至上逐渐增大,因而产生下现蜃景。

无论哪一种海市蜃楼,只能在无风或风力极微弱的天气条件下出现。当大风一起,引起了上下层空气的搅动混合,上下层空气密度的差异减小了,光线没有什么异常折射和全反射,那么所有的幻景就立刻消逝了。

总而言之,这是有趣的,又是科学的。

## 普陀的"佛光"是怎么回事

1944年7月,大约有8000名日军在普陀登陆。军官们横冲直撞进入神殿，恣意攫取文物，士兵则在海滩上安营扎寨，搅得岛上鸡犬不宁。不堪其扰的老百姓，只好叩别了庄严的庙宇，躲到别处。有一天晚上，千步之外的莲花洋上，突然"灯火"闪烁。日寇疑是美军太平洋舰队来袭，急忙用探照灯扫视海面，可是一无所见。不一会，海上"灯火"越来越多，遍布海面。日寇军官下令开炮迎击，一时炮声隆隆震撼全岛，然而"对方"却毫无反应。"灯火"随着海潮汹涌而来，吓
得笃信佛教的日军官兵纷纷跪在沙滩上连连叩头，乞求菩萨恕罪，随之仓皇撤离普陀佛地。当地老百姓都认为这是"菩萨保佑"的结果，一时传为佳话。

那么"佛光"究竟是怎么回事呢？原来，这是由一种生活在海水中的能发出强烈萤光的浮游生物造成的。每当海水中生物腐败后产生的有机物增加时，这种浮游生物便大量繁殖起来，并在风平浪静的海湾处聚集。白天，日照强烈，人们难以发现它们的踪影。到了夜晚，这种群集的浮游生物便发出大面积的闪烁的荧光来，形成了普陀奇观——"佛光"。

## 为什么会出现蓝太阳和绿太阳

一看标题，你或许认为这是童话故事吧？不，这不是童话，而是人们亲眼目睹过的自然奇观。1951年9月26日，日落时分，苏格兰的居民看到了蓝色的落日。第二天，这轮蓝色的太阳又出现在丹麦、法国、葡萄牙、摩洛哥的上空。它的颜色随着地点和时间的改变而不断地变幻着，由雪青色变为蓝宝石色和淡青色。这一奇景在欧洲一些地区持续了两三天。1965年春的一天，一场特大尘暴席卷北京上空。顿时黄沙滚滚，天昏地暗。太阳

突然失去了耀眼的光芒,变成了蓝绿色。1979年7月,波兰人乌尔班奇驾驶帆船,从达萨摩亚群岛向西行驶,一天傍晚,他忽听舵手惊呼:"快看呀,绿太阳!"果真有一轮绿日悬挂西方空中,它像幻影一般很快消失。几天后,船员们又看见了这轮绿色的太阳。无独有偶,在我国新疆北部准噶尔盆地,一天,一辆满载旅客的公共汽车行驶到天山以北茫茫沙海边,太阳就要落山了。这时奇迹出现了:只见快要沉没的夕阳放射出嫩草般鲜绿的绿光,染绿了西方的天空。

这种异色太阳的最早见证人,大概要算6000年前的古埃及人了,他们在金字塔壁画中绘制的绿太阳至今仍清晰可见。真奇怪,夕阳通常都是橙红色、橙黄色或蜡黄色的,怎么会有这么美妙的蓝光和绿光呢?

原来这是大气折射作用产生的一种自然现象。包围着地球的大气就像一个巨大的棱镜,将位于地平线附近的太阳光分解成各色光线。大气对不同波长的光的折射程度也不同。波长越长,折射越小。太阳的七色光中红光波长最长,其次是橙光、黄光等。这就是我们平时看到的落日是红色或橙黄色的缘故。当大部分太阳光盘已居地平线以下,只有很小一部分露

在地平线上时，由于折射的作用，显露出来的只是太阳的绿光、蓝光(紫外线光波最短，早已折射掉了)。而蓝光又极易被大气分子散射掉，这时，人们就会看到发绿光的太阳了。不过，不是任何地方都能看到绿太阳的。必须在空气能见度好、大气中水汽含量少、地平线平直而清晰的条件下，才有可能看到绿日。蓝光既然极易被大气散射掉，怎么会出现蓝太阳呢？这是由于空气中的悬浮物，如尘埃、小水滴等也会散射阳光。其中，直径为0.6~0.8毫米的尘埃微粒散光的能力很特别，它们散射红光、黄光的能力反倒比散射蓝光大。如果空中悬浮这种微粒，红光、黄光会被散射掉，而留下蓝光。太阳就变成蓝色的了。

## 为什么白天的避暑山庄里会出现"月亮"

　　避暑山庄是清代皇帝的热河行宫(又称承德离宫)，位于距北京250千米的河北省承德市，是一座规模宏大、举世闻名的古代皇家园林。山庄集我国古代园林艺术之大成，以独特的园林建筑手法，模拟全国的自然地理风貌，集中融合了南、北园林的特点，可以说是我国大好河山的缩影。避暑山庄内的湖沼、平原和山岳之间，散落着康熙、乾隆所题的"七十二景"。美景奇观令人应接不暇，美不胜收。但最有趣的地方莫过于文津阁前的那方荷花池了。烈日当头，文津阁前的荷花池里却有一弯月影在水中轻轻抖动，令人叹为观止。原来，承德所处纬度较高，一年四季阳光总是从南部上空照耀池面。在文津阁前平台的一定范围内向池水看去，对面假山遮住部分散射入水面的阳光，造成较暗的假山背景，假山内有洞厅，洞的南侧有月牙形的入光孔道，称为入光口。因为入光口略高于洞北侧的出光口，站在平台上的人不能直接看到入光口。朝水面看去，月牙形的入光口洞隙经过假山北侧的出光门洞，直接地传播到水面上，再由水平面反射进入游客眼里，酷似新月，呈现出"日月同辉"的绝妙景色。

　　关于这一美景奇观的设计制造还有一段有趣的传说。清乾隆年间，有

一年6月,皇帝来避暑山庄消夏。一天,乾隆在山庄内的"问月楼"设宴与群臣畅饮。不觉太阳偏西,乾隆已有点醉意,当他看到自己亲笔题写的"问月楼"上的金匾在落日的映照下闪闪发光时,不禁吟诵起李白的《把酒问月》诗:"青天有月来几时,我今停杯一问之……"当他吟到"唯愿当歌对酒时,月光长照金樽里"时,醉意朦胧的大臣和珅在旁边说:"可惜有黑夜有白天,月光不能长照在金樽里。"乾隆听罢,心中不悦,便向和珅要一个"白天也能看见的月亮"。和珅无奈,只好硬着头皮答应下来。于是,他叫来100名能工巧匠,悬赏白银千两,限期3个月造出个"白天能看见的月亮",若造不出来就全部斩首。日子一天天过去了,一天,工匠们正愁眉苦脸地躺在床上生闷气,忽然听见一个挑着木桶送水的老头大声吆喝:"卖月亮啰!"工匠们非常气愤,冲出去看,那疯老头却认真地对他们说:"有月亮掉到井里去了,我用桶捞了半天也没有捞上来。"工匠们茅塞顿开,利用井台的道理修一潭水池,在水池边堆个太湖石的假山遮荫,把假山凿出个月牙形,倒映在水中,白天不就能看到"月亮"了吗? 于是,他们就在文津阁的荷花池旁动工,几天后,"月亮"就造出来了。和珅看后非常高兴,就请乾隆到文津阁前赏月。乾隆举首仰望,一抹晴空,杳无月迹,俯视水面,却见一弯新月在水中轻轻抖动。山影、月影、风声、鸟语、花香,无形之景与有形之景交映成趣,诗情画意油然而生。他非常惊奇,感叹这巧夺天工的美景,于是就题下了"伴月池"三字。

# 风是怎么形成的

风是相对于地表面的空气运动,通常指它的水平分量,以风向、风速或风力表示。风向指气流的来向,常按16方位记录。风速是空气在单位时间内移动的水平距离,以米/秒为单位。大气中水平风速一般为1～10米/秒,台风、龙卷风有时达到102米/秒。而农田中的风速可小于0.1米/秒。风速的观测资料有瞬时值和平均值两种,一般使用平均值。风的测量多用电接风向风速计、轻便风速表、达因式风向风速计,以及用于测量农田中微风的热球微风仪等仪器进行,也可根据地面物体征象按风力等级表估计。

形成风的直接原因,是水平气压梯度力。风受大气环流、地形、水域等不同因素的综合影响,表现形式多种多样,如季风、地方性的海陆风、山谷风、焚风等。简单地说,风是空气分子的运动。要理解风的成因,先要弄清两个关键的概念:空气和气压。空气的构成包括:氮分子(占空气总体积的78%)、氧分子(约占21%)、水蒸气和其他微量成分。所有空气分子以很快的速度移动着,彼此之间迅速碰撞,并和地平线上任何物体发生碰撞。

气压可以定义为:在一个给定区域内,空气分子在该区域施加的压力大小。一般而言,在某个区域空气分子存在越多,这个区域的气压就越大。

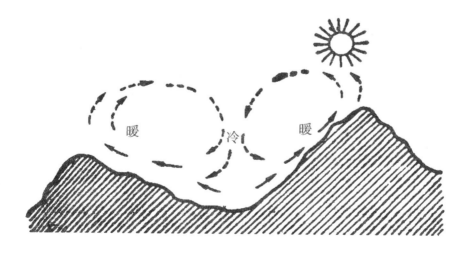

暖　　冷　　暖

相应来说,风是气压梯度力作用的结果。

而气压的变化,有些是风暴引起的,有些是地表受热不均引起的,有些是在一定的水平区域上,大气分子被迫从气压相对较高的地带流向低气压地带引起的。

大部分显示在气象图上的高压带和低压带,只是形成了伴随我们的温和的微风。而产生微风所需的气压差仅占大气压力本身的1%,许多区域范围内都会发生这种气压变化。相对而言,强风暴的形成源于更大、更集中的气压区域的变化。

# 风 的 能 量 有 多 大

空气流动所形成的动能即为风能。风能是太阳能的一种转化形式。

太阳的辐射造成地球表面受热不均,引起大气层中压力分布不均,空气沿水平方向运动形成风。风的形成乃是空气流动的结果。风能利用主要是将大气运动时所具有的动能转化为其他形式的能。

实际上,地面风在很大程度上受海洋、地形的影响,山隘和海峡能改变气流运动的方向,还能使风速增大,而丘陵、山地摩擦大使风速减少,孤立山峰因海拔高使风速增大。因此,风向和风速的时空分布较为复杂。

再有海陆差异对气流运动的影响。在冬季,大陆比海洋冷,大陆气压比海洋高,风从大陆吹向海洋。夏季相反,大陆比海洋热,风从海洋吹向内陆。这种随季节转换的风,我们称为季风。所谓的海陆风也是白昼时,大陆上的气流受热膨胀上升至高空流向海洋,到海洋上空冷却下沉,在近地层,海洋上的气流吹向大陆,补偿大陆的上升气流。低层风从海洋吹向大陆称为海风,夜间(冬季)时,情况相反,低层风从大陆吹向海洋,称为陆风。在山区由于热力原因引起的白天由谷地吹向平原或山坡,夜间由平原或山坡吹向谷地,前者称谷风,后者称为山风。这是由于白天山坡受热快,温度高于山谷上方同高度的空气温度,坡地上的暖空气从山坡流向谷地上方,谷地的空气则沿着山坡向上补充流失的空气,这时由山谷吹向山坡的风,称为谷风。夜间,山坡因辐射冷却,其降温速度比同高度的空气较快,冷空气沿坡地向下流入山谷,称为山风。

## 雷是怎么形成的

由于闪电通道狭窄而通过的电流太多,这就使闪电通道中的空气柱被烧得白热发光,并使周围空气受热而突然膨胀,其中云滴也会因高热而突然气化膨胀,从而发出巨大的声响——雷鸣。在云体内部与云体之间产生的雷为高空雷;在云地闪电中产生的雷为"落地雷"。

落地雷所形成的巨大电流、炽热的高温和电磁辐射以及伴随的冲击波等,都具有很大的破坏力,足以使人体伤亡、建筑物破坏。如,1986年4月25日,湖南省溆浦县的观音阁、双井、低庄乡等地,乌云压顶,风雨交加,电闪雷鸣,随着一道强烈的闪光,一声震耳的霹雷——落地炸雷,殃及了3个乡6个村庄,顿时一片混乱,雷声、雨声、风声、哭声、喊声混杂在一起。据地、县联合调查组调查,当场雷击死亡7人,伤10人,其中重伤3人。

雷击伤亡事故发生后,经调查发现:这一带居民屋内电线安装凌乱,走线位置很低,死亡的7人中就有5人是在照明电灯和开关下被雷击中的;雷击前室内相当潮湿,给雷击事故的形成创造了条件。所以,电线的安装必须符合要求,而雷电时,远离易导电的金属物体,保持室内干燥是预防雷击的重要措施之一。

雷电对人体的伤害,有电流的直接作用和超压或动力作用,以及高温作用。当人遭受雷电击的一瞬间,电流迅速通过人体,重者可导致心跳、呼吸停止,脑组织缺氧而死亡。另外,雷击时产生的是火花,也会造成不同程度的皮肤烧灼伤。雷电击伤,亦可使人体出现树枝状雷击纹,表皮剥脱,皮内出血,也能造成耳鼓膜或内脏破裂等。

# 气候篇

## 气候是怎么形成的

气候的形成主要是由热量的变化而引起的,因而对于气候的形成因素,主要存在以下三个方面。

### 1.辐射因素

太阳辐射是地面和大气热能的源泉,地面热量收支差额是影响气候形成的重要原因。对于整个地球而言,地面热量的收支差额为零,但对于不同地区,地面所接受的热量存在差异,因而会对气候的形成产生影响。同时,地面接受热量后,与大气不断进行热量交换,热量平衡过程中的各分量对于气候形成也有重要影响。

### 2.地理因素

地理因素对气候形成的影响表现在地理纬度、海陆分布、地形和洋流上,而地理因素对气候形成的影响归根到底还是可以归结到辐射因素上。地理纬度不同,所接受到的热量不同,引起不同的气候;由于海洋和大陆具有不同的热力学特性,如容积热容量、导热率等海洋与陆地显著不同,因而海洋和大陆在气候上差异很大,比较而言,大陆上的日较差和年较差比海洋大。温度的年较差是区分大陆性气候和海洋性气候的重要指标,并且,夏季大陆是热源,冬季海洋是热源,热源有利于低压系统的形成和加强,而冷源有利于高压系统的形成和加强,海陆的分布使行星风带分为若干个高低压活动中心。这些高低压活动中心对于气候形成有重要影响,此外,海陆分布的不同也影响天气的变化;地势对气候形成的影响在于,海拔高,太阳直接辐射增强,散射辐射降低,温度降低,湿度减小,而不同的地形也对气候影响不同,高原对气候的影响十分明显;而洋流对气候的影响也是因热量而成,海洋是地球表面热量的重要贮藏。

### 3.大气环流因素

(1)由于赤道低气压带、副热带高气压带、副极地低气压带、极地高压带的影响。

(2)三圈环流中干燥的极地东风、信风带大气的干湿影响。

(3)三圈环流随季节的变化。

(4)下垫面状况。

(5)人类活动。

# 冬热夏冷的怪地是怎么回事

在我国辽宁省东部山区桓仁县和宽甸县境内,有一条长约15千米的怪异地带。在这里,每年夏季地下会冒出冷气,冬季会冒出热气,犹如地底下藏着一台冷暖大空调。

故事发生在19世纪末的一个夏天,桓仁县沙尖子镇的农民任洪福在堆砌房屋北头的护坡时,偶然注意到扒开表土的岩石缝隙里不断向外吹出阵阵寒气,感到非常惊讶。于是,任家就在冒气强烈的这段护坡底角,用石块垒成了一个长宽各约0.5米、深不到1米的小洞。据说,在1946年的一个夏天,一个国民党军官将一头大汗淋漓的战马拴在洞口附近的树桩上。第二天早晨来牵马时,发现这匹马已冻僵在地上不能动弹了。可见这岩缝里的寒气的温度低得惊人。

其实,这里的地温一直有着冬热夏冷的怪异特点。

每年盛夏,从任家石缝吹出的寒气温度低达-2℃,岩石洞里的寒气温度更低,达-15℃。放在洞口的鸡蛋会冻破蛋壳,洞内放杯水会结成冰块,雨水流入岩石裂缝,会冻成缕缕冰棱。近几年来,每逢夏季,任家都利用这个天然小冷库,为乡亲和沙尖子镇街上的饭店、医院、酒厂、兽医站等单位贮存鱼、肉、疫苗、曲种、菌种等物品,冷藏效果十分理想。

然而立秋以后,周围地温不断转冷,这里的地温反而由冷趋暖。到了寒冬腊月,外边已是冰天雪地,寒风凛冽,草木枯萎凋零,而在这个地温异常带却是热气腾腾,暖如温室。整个冬春季节始终不见冰雪。特别是任家屋后,青草茵茵,种下的蔬菜茎粗叶壮。1986年,任家在冒气点上平整了一小块土地,上面盖上塑料棚,棚内气温可保持在17℃,地温保持在15℃,具有天然温室的栽培效果。

据说,这种奇异的地带在我国南方也有发现。湖南省五峰县境内,有座白溢寨山,峰高海拔2300多米,山坡上有两处地方,每处约有1000多平方米,在炎热的夏天,两块地上会盖满白冰;夏天一过,即冰消寒散。冬天来临,周围降雪结冰时,这里却存不住一点冰雪。待第二年盛夏,又出现冰块。年年如此。

这种冬热夏冷的奇异现象引起了各界的注意和研究。人们曾多次到桓仁实地考察,并开展学术讨论,对这种奇象的成因提出了各种解释。有人认为,在这个地温异常带的地下,可能有庞大的能保温的储气构造。冬季,大量的冷空气进入这种构造,可以一直保温到夏季才慢慢地逸出。冷空气排出的同时,热空气进入储气构造,被保温到冬天又逐渐逸出来。另一种观点认为,这个地带的地下可能存在一冷一热两条重叠的储气带,始终在同时释放冷热气流。冬季,人们感到异常的是储热气带中释放的热气,而对同时释出的冷气,却因气温低而觉察不到异常;遇到炎热的夏天,寒气则变得明显了。还有人认为,这里地下存在的庞大储气带,在不同的方位上有自动开关的天然阀门,冬天排放热气而吸进冷气,夏天排放冷气而吸进热气。究其成因,谁也拿不出有说服力的证据。人们期待着科学家们能早日弄清它的奥秘。

另外,我国河南林县石板岩乡西北的太行山半腰处,有一驰名中外的风景胜地——冰冰背风景区。它吸引游人之处不仅是美丽的自然景致,更具魅力的是它那冷热颠倒的异常气候,每年阳春三月,草木葱茏,百花盛开时,冰冰背却如进"三九",开始结起冰来,结冰期长达5个月之久。六月三伏天,人们挥汗如雨,热不堪言时,这里却正是冰期盛季,一踏入此地,顿感冰凉彻骨。八月中秋,霜降叶枯,冰冰背的冰开始消融。十冬腊月,大地冰封,冰冰背却是热气腾腾,泉水淙淙,奇花异草,嫩绿鲜艳,美不胜收。冰冰背为何出现四季错位,至今尚无统一解释。

# 为 什 么 会 出 现 季 节 反 常 的 特 殊 地 带

四季变化,是地球的一大自然现象。春夏秋冬的形成是地球绕太阳公转的结果。地球公转的轨道是一个椭圆形,太阳位于一个焦点上。又因为地球是斜着身子绕太阳公转,太阳直射点在地表上也发生了变化。各地得到的太阳热量不等,便有了不同的四季。

每年6月22日前后,地球位于远日点,这时太阳直射北回归线,这一天便成了北半球的夏至日,是北半球的夏季的开始,而南半球此时正值严寒冬季。9月23日前后,太阳直射赤道,南、北半球昼夜平分,得到的太阳热量相等。但这一天却是北半球的秋分,南半球的立春。12月22日前后,地球位于近日点,太阳直射南回归线,北半球进入冬季,南半球正值夏季。3月21日前后,太阳再次直射赤道。南、北半球在这一天分别开始了自己的秋季和春季。

尽管南、北半球四季变化相反,但一般终归是合乎自然规律的四季。

但地球上有些地方的季节却反常得很,古怪得很。

### 1.一年皆冬

南、北两极终年都是冰雪统治的冬季。南极的严寒可谓世界之最。最冷时达到-88.3℃,最高温度平均为-32.6℃。北极海拔低,地形为盆地,所以不像南极那样严寒。但最高温度也在0℃以下,最低达-36℃。

### 2.一年皆夏

位于红海边的非洲埃塞俄比亚的马萨瓦,是世界最热的地方,全年平均温度为30℃,几乎天天盛夏,热不可耐。

### 3.一年皆春

我国的昆明市,全年平均温度为15℃,隆冬季节,昆明却春意浓浓,平均气温将近10℃;盛夏时令,昆明仍春意盎然,平均气温不超过20℃。一年四季气候暖和,雨水充沛,植物繁茂,鲜花盛开,四季如春,故有"春城"之誉。

### 4.一年三季

热带地区有些国家,由于它们所处的地理位置特殊,并受季风显著影响,一年中分为三季。如北非的苏丹,11月至次年1月为干凉季,2~5月为干热季,6~10月为雨季。其中干凉和干热两季统称为"旱季"。东南亚的越南、印度、缅甸等国家,一年也是三季,但与苏丹的三季又不同,而是分为冬干季、雨季和雨季前(4~5月)的热季。

### 5.一日四季

印度尼西亚爪哇岛西部,有个叫苏加武眉的地方。这里离赤道很近,理应是典型的海洋性热带气候。可是这个地方的气候却十分奇特：早晨风和日丽，百花盛开，春意盎然；中午烈日当头，花蔫叶垂，热如酷暑；傍晚天高云淡，凉爽宜人，秋风瑟瑟；夜半气温骤降，寒气袭人，近似严冬。一觉醒来，又是春。这里的人一日里可度过春夏秋冬四季，真叫人不可捉摸。

### 6.岭南四时皆是夏，一雨便成秋

我国把南岭山脉一线以南的地方称为岭南，它大致包括广东和广西两省(区)。但从广义上说，南岭山脉向东延伸到福建省西部的武夷山脉，那么福建和台湾两省也可包括在内。这四个省(区)的气候对全国来说是最温暖的。这里几乎没有冬季，夏季达五六个月以上，如广州和南宁，1月份平均温度为13℃，福州为10℃，台北约为15℃。根据气候学上的标准，假如每五天的平均温度在10℃以下才能称为冬天，那么只有福州在一年之中仅仅有五天算是冬天。所以在冬季只有少数的日子有些地方需穿棉衣外，一般只需穿夹衣就够了。这里，从早上到晚上，都是一样的热，倘若你在夏季到广州的话，你会经常感到汗流浃背。在这时，只有在下了一场雨之后，才会感到凉爽一些。难怪大文豪苏东坡曾说这里的气候是："四时皆是夏，一雨便成秋。"有时在一天之内，天气变化无常，因此又有"一日备四时气候"的说法。

在我国岭南地方为什么具有"四时皆是夏，一雨便成秋"的特点呢？这主要是由地理纬度和地形条件决定的。从纬度来说，我们可以从地图上看到北回归线正好穿过我国台湾、广东和广西三个省(区)的中部，如果按照地理纬度来划分，这条线以南是热带，以北属亚热带。如果以1月份10℃的等温线来划分，这条等温线大约经过福州以北向西南经广东的韶关和广西的柳州、百色等地，这条线以南就是全年无冬的地区。所以从地理纬度来说，我国的岭南地区正位于热带和亚热带之间，大部分地方都是无冬的地区。

再从地形条件来说，南岭山脉西起广西和广东两省(区)北部的五岭，东延为福建西部的武夷山脉,它的高度一般在海拔1000～1500米,对于冬季北方南下的寒冷气流有屏障作用。有时北方强大的寒潮也可以到达岭南,因而使广州和南宁等地1月份的日平均温度可降至4℃以下,但这样的次数在一年中并不多。况且这里的地势北高南低(福建则是西高东低),有利于接受从海洋方面吹来的暖湿气流,使这里的气候更显得温暖湿润,所以地形条件也是形成这里气候暖热的主要原因之一。

由于以上两种因素的影响,所以岭南地区便成为全国气候最温暖的地区。

实际上这里的气候并不是分为四季,而是以三季来分:即凉季,头年11月至次年2月,这时东北季风盛行,气候最为凉爽;暖季,是3～6月,这时海上的暖湿气流开始进入,气温增高,降水较多;暑季,是6～10月,常有台风吹袭,天气最热,降水最多。这个时期气温的日变化也最大,一天里面,温度升降可达6～8℃。看来"一雨便成秋"确实是符合客观实际的说法。

由于我国的岭南一带全年高温多雨,这就给热带作物的生长提供了必要条件。

# 为什么贵州"天无三日晴"

贵州省位于副热带东亚大陆的季风区内,气候类型属中国亚热带高原季风湿润气候,它是全国气候最潮湿、阴雨天最多的地区之一。一年中阴天日数在200天以上,像北部的遵义,一年有9个月是阴天,换句话说,平均4天里就有3天是阴天;又如中部的省会贵阳,平均每年有238天阴天,1月份阴天多达23天,即使是阴天最少的9月份也有14天之多。贵州大部分地区,一年中下雨的日子在150天以上,贵阳每年平均有188个雨天,也就是说,一年中一半以上的日子有雨。5月份的下雨天平均多达20天,12月份最少,但仍有13天之多。1944年1月7日至2月3日,连续下了28天雨。所以说贵州省"天无三日晴"并不过分。

# 贵州省阴雨天为什么这么多呢

这是因为冬季,来自北方大陆的冷空气,经过长途跋涉,翻山越岭,已经被大大削弱,等爬上地面崎岖的贵州高原后,气流移动十分缓慢。当它和原来停留在贵州的暖空气接触后,由于双方势力相当,长期相峙在那里,就产生了阴雨连绵的天气。

而在春季,南方的暖空气已逐渐加强,频频而来,北方的冷空气也不甘示弱。冷暖空气相互冲突,因而忽晴、忽阴、忽雨,天气变化无常。

夏季,北方的冷空气已大规模北撤。来自南方海洋上的暖湿空气活跃在贵州高原上。贵州高原海拔超过了1000米,地面高低起伏,暖湿空气受到地形的抬升和扰动,容易形成云和雨。有时从四川来的冷空气,跟南方来的暖湿空气相遇,更容易形成阴雨天气,或产生较大的雷、暴雨。

秋季,北方冷空气开始南下,暖湿空气还来不及撤退,冷暖空气不断交锋,也经常产生阴雨连绵的天气。

总之,贵州高原地面崎岖不平,空气容易受到抬升、扰动、阻塞、摩擦,冷暖空气接触的机会特别多,是形成贵州多阴雨天的主要原因。由于贵州大部分地区气候湿润,非常适宜林木的生长,树木种类就有大约2000种,著名的林产有生漆、栓皮栎等。

# 为什么加拿大丢了夏天

1818~1816年间的冬天,加拿大南部和美国东北部地区没有什么特殊的现象。春天来临,还是像从前那样刮起大风。3月底,一连几天有雨有雾,池塘溪流的冰开始融化。大地解冻,寒气渐消。

4月里,万象更新。鸟儿纷纷从过冬的地方飞回来筑巢,枝头生出新叶,颜色娇艳的春花,点缀着棕色的林木和嫩绿的草原。

　　根据零散的记录,那年春天开始时虽无异状,但不久就发现春天的脚步放得特别缓慢。就记忆所及,春天从来不会来得那么迟。有些人抱怨说春天不应那样寒冷,但没有人因此而惊慌。北美洲这部分地区,4月仍然寒冷,并不算出奇,但是到了5月,天气还没有回暖,不合时宜的寒冷天气便成为挂在人人口边的话题了。这个时候本该把取暖的炉子熄灭,园子里也该长出新绿,农田里生出幼苗,但是春寒料峭,好像冬天执意留恋不肯离去。每天清晨,地上铺满白霜,水桶结冰。

　　不过到了6月,大家都觉得这年真是跟以往任何一年都截然不同了。这个月起初很正常,白天温度升到华氏八十余度。到6月5日星期三,哈德逊湾刮起一股强烈的冷风,扫过圣罗棱斯谷,直吹新英格兰。大雨夹在强风中倾盆而降,下了一个下午和整个晚上。气温也跟着不断降低。第二天早上,气温只有华氏四十度出头,又因为下起雪来温度继续下降。维豪特州本宁敦市的雪由天刚亮直下到午后三时。风雪过后,加拿大魁北克市积雪十二英寸,而新英格兰许多地方积雪也有六英寸厚。一个农夫在日记上说:"从没见过这样阴暗反常的天气。"

　　一日复一日,离奇的冬季天气不但没有消失的迹象,反而变本加厉,气温从未高过华氏五十度,大都是徘徊在华氏三十余度。农民月初满怀希望

地插下的幼苗,结果都被不合时令的霜雪冻死。大地看起来像一片焦土。新罕布什尔州的一位牧师写道:"新英格兰的玉米差不多全被霜雪冻死……饲料歉收最令人忧心。"

如果这时天气转变,恢复正常,惊慌的居民也许会镇定下来。可是天气一直没有回暖。从7月到8月,黎明时气温大都是华氏四十余度。到了8月底,清晨的气温是华氏三十余度。当中一连几天天气回暖,大家都兴致勃勃地再次整理庭园,农民也栽种玉米和其他谷物,希望在冬天来临前有一次收获。但是庭园和农田再次为霜雪所损坏并掩盖。严霜在9月中旬便降临,那是新冬的第一次,比正常期略早了一点。

大家面对冬季的来临都感到恐惧,因为他们的土地并没有种出什么粮食来。幸而有些人还存有去年丰收剩下来的少量主要食粮。他们虽然还可以捱过这一年,但是都不知道1816年的夏天为什么会这样奇怪。若是以后的夏天都是这样,他们怎样生存下去呢? 1816~1817年间的冬天特别寒冷,但是春天照常来临,而1817年的夏天十分正常。自此以后,每年的夏天也未再发生这种反常现象。

那一年为什么没有夏天呢? 有些科学家认为,原因是从太阳来的热能被一大片灰尘阻隔了。在那个反常的季节,由于尘云在高层大气的位置,可能挡住太阳辐射,热能没法到达那一区域。大气层中积聚了过量的灰尘,是因为曾有几次火山大爆发。1815年,爪哇东部松巴洼岛上淡波拉火山大爆发,喷出巨量灰尘,跟早先一连串火山爆发喷入空中的灰尘积聚一起。这一大片灰尘,很可能在1816年的夏天把北半球的上空掩盖,使新英格兰圣罗棱斯谷地区的天气变得寒冷,出现了一个反常的夏天。

## 拉尼娜现象会给气候带来什么改变

拉尼娜是西班牙语La Nina——"小女孩,圣女"的意思,是厄尔尼诺现象的反象,指赤道附近东太平洋水温反常下降的一种现象,表现为东太平洋明显变冷,同时伴随着全球性气候混乱,总是出现在厄尔尼诺现象之后。

气象学家和海洋学家用来专门指发生在赤道太平洋东部和中部海水大范围持续异常变冷的现象(海水表层温度低出气候平均值0.5℃以上,且持续时间超过6个月以上)。拉尼娜也称反厄尔尼诺现象。

一般拉尼娜现象会随着厄尔尼诺现象而来,出现厄尔尼诺现象的第二年,都会出现拉尼娜现象,有时拉尼娜现象会持续两三年。1988~1989年、1998~2001年都发生了强烈的拉尼娜现象,令太平洋东部至中部的海水温度比正常低了1~2℃,1995~1996年发生的拉尼娜现象则较弱。有的科学家认为,由于全球变暖的趋势,拉尼娜现象有减弱的趋势。

从近50年的监测资料看,厄尔尼诺出现频率多于拉尼娜,强度也大于拉尼娜。

拉尼娜常发生于厄尔尼诺之后,但也不是每次都这样。厄尔尼诺与拉尼娜相互转变需要大约四年的时间。

中国海洋学家认为,中国在1998年遭受的特大洪涝灾害,是由"厄尔尼诺—拉尼娜现象"和长江流域生态恶化两大成因共同引起的。

中国海洋学家和气象学家注意到,1998年在热带太平洋上出现的厄尔尼诺现象(海洋变暖)已在一个月内转变为一次拉尼娜现象(海水变冷)。这种从未有过的情况是长江流域降水暴增的原因之一。

这次厄尔尼诺使中国的气候也十分异常,1998年6~7月,江南、华南降水频繁,长江流域、两湖盆地均出现严重洪涝,一些江河的水位长时间超过警戒水位,两广及云南部分地区雨量也偏多五成以上,华北和东北局部地区也出现涝情。拉尼娜也会造成气候异常。中国科学院院士、国家海洋环境预报研究中心名誉主任巢纪平说,现在的形势是:厄尔尼诺的影响并未完全消失,而拉尼娜的影响又开始了,这使中国的气候状态变得异常复杂。一般来说,由厄尔尼诺造成的大范围暖湿空气移动到北半球较高纬度后,遭遇北方冷空气,冷暖交换,形成降水量增多。但到6月后,夏季到来,雨带北移,长江流域汛期应该结束。但这时拉尼娜出现了,南方空气变冷下沉,已经北移的暖湿流就退回填补真空。事实上,副热带高压在7月10日已到北纬30°,又突然南退到北纬18°,这种现象历史上从未出现过。

拉尼娜是一种厄尔尼诺年之后的矫枉过正现象。这种水文特征将使太平洋东部水温下降,出现干旱,与此相反的是西部水温上升,降水量比正常年份明显偏多。科学家认为:拉尼娜这种水文现象对世界气候不会产生重大影响,但将会给广东、福建、浙江乃至整个东南沿海带来较多并持续一定时期的降雨。

## 厄 尔 尼 诺 是 一 种 什 么 样 的 气 候 异 常 现 象

厄尔尼诺现象又称厄尔尼诺海流,是太平洋赤道带大范围内海洋和大气相互作用后失去平衡而产生的一种气候现象,就是沃克环流圈东移造成的。

正常情况下,热带太平洋区域的季风洋流是从美洲走向亚洲,使太平洋表面保持温暖,给印度尼西亚周围带来热带降雨。但这种模式每2~7年被打乱一次,使风向和洋流发生逆转,太平洋表层的热流就转而向东走向美洲,随之便带走了热带降雨,出现所谓的厄尔尼诺现象。

厄尔尼诺现象的基本特征是太平洋沿岸的海面水温异常升高,海水水位上涨,并形成一股暖流向南流动。它使原属冷水域的太平洋东部水域变成暖水域,结果引起海啸和暴风骤雨,造成一些地区干旱,另一些地区又降雨过多的异常气候现象。

厄尔尼诺的全过程分为发生期、发展期、维持期和衰减期四个时期,一般1年左右,大气的变化滞后于海水温度的变化。

在气象科学高度发达的今天,人们已经了解:太平洋的中央部分是北半球夏季气候变化的主要动力源。通常情况下,太平洋沿南美大陆西侧有一股北上的秘鲁寒流,其中一部分变成赤道海流向西移动,此时,沿赤道附近海域向西吹的季风使暖流向太平洋西侧积聚,而下层冷海水则在东侧涌升,使得太平洋西段菲律宾以南、新几内亚以北的海水温度渐渐升高,这一段海域被称为"赤道暖池",同纬度东段海温则相对较低。对应这两个海域上空的大气也存在温差,东边的温度低、气压高,冷空气下沉后向西流动;西边的温度高、气压低,热空气上升后转向东流,这样,在太平洋中部就形成了一个海平面冷空气向西流,高空热空气向东流的大气环流(沃克环流),这个环流在海平面附近就形成了东南信风。但有些时候,这个气压差会低于多年平均值,有时又会增大,这种大气变动现象被称为南方涛动。20世纪60年代,气象学家发现厄尔尼诺和南方涛动密切相关,气压差减小时,便出现厄尔尼诺现象。厄尔尼诺发生后,由于暖流的增温,太平洋由东向西流的季风大为减弱,使大气环流发生明显改变,极大地影响了太平洋沿岸各国气候,本来湿润的地区干旱,干旱的地区出现洪涝。

至1997年的20年来厄尔尼诺现象分别在1976~1977年、1982~1983年、1986~1987年、1991~1993年和1994~1995年出现过5次。1982~1983年间出现的厄尔尼诺现象是20世纪以来最严重的一次,在全世界造成了大约1500人死亡和80亿美元的财产损失。进入20世纪90年代以后,随着全球变暖,厄尔尼诺现象出现得越来越频繁。

# 热带气候有哪些特点

热带气候最显著的特点是全年气温较高,四季界限不明显,日温度变化大于年温度变化。南纬23.5°和北纬23.5°之间是热带气候区。在这一区域内,由于地表及降水的不同,热带气候又反映出不同的特点。在赤道附近,常年湿润高温,多雷雨天气,年降水量在2500毫米左右,季节分配较均匀。在一天之中,天气的变化也往往单调而富有规律性。清晨,天气晴朗,凉爽宜人,临近午间,天空中的积云强烈发展,变浓变厚,午后一二点钟,天空乌云密布,雷声隆隆,暴雨倾盆而下,降雨一直可以持续到黄昏。雨后,天气稍凉,但到第二天日出后又变得闷热。如此日复一日,年复一年,人们把这种气候称为赤道气候。

赤道气候全年皆夏,没有明显的季节变化。这里虽然很热,但最热月份的平均气温并不太高,绝对最高气温很少超过38℃,最低气温很少低于18℃。

在热带的沙漠地区,气候情况完全不同。在非洲北部的撒哈拉沙漠、西亚的阿拉伯沙漠和澳大利亚中部的大沙漠等地,全年干旱少雨,气温变

化剧烈,日较差可达50℃以上。

我国的雷州半岛、海南岛和台湾省南部,均处于热带气候控制之下,终年不见霜雪,到处是郁郁葱葱的热带丛林,全年无寒冬。

热带地区由于高温多雨,为动植物的生长繁衍创造了极为有利的条件。许多珍贵的动植物都产于热带气候区内。宽广的热带雨林,是制造氧气、吸收二氧化碳的巨大绿色工厂,对于调节全球大气中的氧气和二氧化碳的含量具有非常重要的作用。

# 热带气候有哪些分类

### 1.赤道多雨气候(也称赤道雨林气候)

位于各洲的赤道两侧,向南、北延伸5°~10°,如南美洲的亚马孙平原,非洲的刚果盆地和几内亚湾沿岸,亚洲东南部的一些群岛等。这些地区位于赤道低压带,气流以上升运动为主,水汽凝结致雨的机会多,全年多雨,无干季,年降水量在2000毫米以上,最少雨月降水量也超过60毫米,且多

雷阵雨;各月平均气温为25～28℃,全年长夏,无季节变化,年较差一般小于3℃,而平均日较差可达6～12℃。在这种终年高温多雨的气候条件下,植物可以常年生长,树种繁多,植被茂密成层。

### 2.热带干湿季气候(也称热带草原气候)

主要分布在赤道多雨气候区的两侧,即南、北纬5°～15°(有可达25°)的中美、南美和非洲。其主要特点,首先是由于赤道低压带和信风带的南北移动、交替影响,一年之中干、湿季分明。当受赤道低压带控制时,盛行赤道海洋气团,且有上升气流,形成湿季,潮湿多雨,遍地生长着稠密的高草和灌木,并杂有稀疏的乔木,即稀树草原景观。当受信风影响时,盛行热带大陆气团,干燥少雨,形成干季,土壤干裂,草丛枯黄,树木落叶。与赤道多雨气候相比,一年至少有1～2个月的干季。其次是全年气温都较高,具有低纬度高温的特色,最冷月平均温度在16～18℃以上。最热月出现在干季之后、雨季之前,因此本区气候一般年分干、热、雨三个季节。气温年较差稍大于赤道多雨气候区。

### 3.热带干旱与半干旱气候(也称热带荒漠气候)

分布于热带干湿季气候区以外,大致在南、北纬15°～30°,以非洲北部、西南亚和澳大利亚中西部分布最广。热带干旱气候区常年处在副热带高气压和信风的控制下,盛行热带大陆气团,气流下沉,所以炎热、干燥成了这种气候的主要特征。气温高,有世界"热极"之称。降水极少,年降水量不足200毫米,且变率很大,甚至多年无雨,加以日照强烈,蒸发旺盛,更加剧了气候的干燥性。热带半干旱气候,分布于热带干旱气候区的外缘,其主要特征:一是有短暂的雨季,年降水量可增至500毫米;二是向高纬一侧的气温不如向低纬度一侧的高。

### 4.热带季风气候

主要分布在我国台湾南部、雷州半岛、海南岛,以及中南半岛、印度半岛的大部分地区、菲律宾群岛;此外,在澳大利亚大陆北部沿海地带也有分布。这里全年气温皆高,年平均气温在20℃以上,最冷月一般在18℃以上。年降水量大,集中在夏季,这是由于夏季在赤道海洋气团控制下,多对流雨,再加上热带气旋过境带来大量降水,因此造成比热带干湿季气候更多的夏雨。在一些迎风海岸,因地形作用,夏季降水甚至超过赤道多雨气候区。年降水量一般在1500~2000毫米以上。本区热带季风发达,有明显的干湿季,即在北半球冬吹东北风,形成干季;夏吹来自印度洋的西南风(南半球为西北风),富含水汽,降水集中,形成湿季。

### 5.热带海洋性气候

出现在南、北纬10°~25°信风带大陆东岸及热带海洋中的若干岛屿上。如中美洲的加勒比海沿岸、西印度群岛、南美洲巴西高原东侧沿海的狭长地带、非洲马达加斯加岛的东岸、太平洋中的夏威夷群岛和澳大利亚昆士兰沿海地带。这些地区常年受来自热带海洋的信风影响,终年盛行热带海洋气团,气候具有海洋性。气温年、日较差都小,但最冷月平均气温比赤道稍低,年较差比赤道多雨气候稍大,年降水量一般在2000毫米以上,季节分配比较均匀。


# 热带雨林气候是怎么形成的

热带雨林气候又称"赤道多雨气候",分布在赤道两侧南北纬10°之间。终年高温多雨,各月平均气温在25~28℃,年降水量可达2000毫米以上。季节分配均匀,无干旱期。主要出现在南美洲亚马孙平原、非洲刚果盆地

和几内亚湾沿岸、亚洲的马来群岛大部和马来半岛南部。

热带雨林在成因上受诸多因素的影响,其主导因素还是有区别的。在赤道地区南北纬10°的范围内,总的趋势主要受太阳辐射的影响,赤道低压带、信风在赤道附近聚集,辐合上升,所含水汽容易成云致雨。气候变化单调,全年皆夏。一般早晨晴朗,午前炎热,午后下雨,黄昏雨歇,天气稍凉。但在世界同类型地区中,亚马孙平原的热带常绿雨林不仅面积最广,而且发育也最为充分和典型,这是由于亚马孙平原所在的地理位置是赤道横穿其间,地形结构上北有圭亚那高原,南有巴西高原,西有安第斯山脉,呈围椅状东低西高的地势,敞开着怀抱接纳由东北东南信风和南北赤道暖流带来的丰沛的暖湿气流,使它具有特别有利于该类型发育的现代气候条件。另一方面也与它发育历史悠久、在形成过程中自然地理条件相对比较稳定有关。亚马孙河是世界上第二长的河流。它由西向东贯穿整个南美洲,流域面积广达600万平方千米,上面布满浓密的丛林。亚马孙河的主流有时候会泛滥成灾,淹没广达数千平方千米的林地,是世界上径流量最大的河流,成因上的综合性特征非常显著。

非洲的热带雨林气候由于受地形、洋流和季风的影响,仅局限在非洲刚果盆地的刚果河流域、几内亚湾沿岸地区,在成因上主要在于赤道通过(赤道通过中非刚果盆地及东非,由于东非为高原地形,故气候上属热带高地)。受西南季风和几内亚暖流的影响,湿润的水汽将从河口深入到盆地内部,在赤道低气压的影响下上升,全年降雨丰沛,因此流经该地的河川——刚果河水量丰稳,极富航行之利。热带雨林的大陆性特征比较明显。

亚洲印度半岛西南沿海、马来半岛、中南半岛西海岸、菲律宾群岛和伊瑞安岛,大洋州从苏门答腊岛至新几内亚岛一带,大小岛屿星罗棋布散落在海洋上,主要受太阳的辐射影响,加之海洋面积广阔,对流运动旺盛,这儿的雨林气候具有突出的海洋性特征。

有些地区虽然不在南北纬10°之间,不受赤道低气压的影响,但由于大气环流和洋流的共同作用,有时热带雨林气候呈现出非地带性特征。如中国云南、台湾、海南及澳大利亚局部地区、马达加斯加岛和美国的佛罗里达半岛等地区的雨林的形成就与地形和洋流有密切的关系。如马达加斯加岛山脉东部由于受南赤道暖流和东南信风的影响,暖湿气流沿着迎风坡爬升,尽管南回归线穿越其间,但东南沿海为热带雨林气候,中部为热带高原气候,西部属热带草原气候。年平均气温18～26℃,年降水量由东部2000～2500毫米减到西部的750～1000毫米。再则像澳大利亚东北部的热带雨林的形成也是受地形和东澳大利亚暖流及东南信风的共同影响。同样的道理,中国云南、台湾、海南以及美国的佛罗里达半岛等地区的雨林的形成都与上述有类似的特征。

即便是赤道附近的地区东非高原,由于地形的缘故,形成热带草原气候,西海岸的刚果盆地以南的沿岸地区,受本格拉寒流和南赤道离岸流的影响,就形成了热带沙漠气候。同样是受寒流的影响,南美西海岸分布着世界上南北延伸最长、最靠近赤道的热带荒漠,气候干旱,气温较低。

# 海洋性气候的分类和影响

海洋性气候是指海洋邻近区域的气候。如海岛或盛行风来自海洋的大陆部分地区的气候。由于海洋巨大水体作用所形成的气候。包括海洋面或岛屿以及盛行气流来自海洋的大陆近海部分的气候。

海洋性气候的主要特点和大陆性气候相比,不仅气温的年变化和日变化小,而且极值温度出现的时间也比大陆性气候地区迟;降水量的季节分配较均匀,降水日数多、强度小;云雾频数多,湿度高。在温度年变化方面,春季冷于秋季,是海洋性气候的一个明显标志。最暖月出现在8月,甚至延至9月;最冷月为2月,在高纬度地区推迟到3月。人们通常把西北欧沿海地区作为大陆上海洋性气候的典型。

海洋性气候是地球上最基本的气候型。总的特点是受大陆影响小,受海洋影响大。在海洋性气候条件下,气温的年、日变化都比较和缓,年较差和日较差都比大陆性气候小。春季气温低于秋季气温。全年最高、最低气

温出现时间比大陆性气候的时间晚。

由于海洋巨大水体作用所形成的气候。包括海洋面或岛屿以及盛行气流来自海洋的大陆近海部分的气候。海洋气候有以下特点:

(1)气温年变化与日变化都很小,在洋面上甚至观测不到日变化。年变化的极值一般比大陆后延1个月,如最冷月为2月,最暖月为8月。在高纬度地区最冷月还可能是3月,最暖月也可能到9月。秋季暖于春季。

(2)降水量的季节分配比较均匀,降水日数多,但强度小。云雾频数多,湿度高。

(3)热带海洋多风暴,如北太平洋西南部分与中国南海是台风生成和影响强烈的地区。热带风暴(包括台风)是一种十分严重的气象灾害。

(4)多云雾天气,湿度大。多数临近海洋的大陆地区,都具有海洋性气候特征,西欧沿海地区是大陆上典型的海洋性气候区。

在海洋性气候条件下,气候终年潮湿,年平均降水量比大陆性气候多,而且季节分配比较均匀。降水量比较稳定,年与年之间变化不大。四季湿度都很大,多云雾,天气阴沉,难得晴天,少见阳光。

温和、多云、湿润的海洋性气候,给人们以舒适的感觉,其实这种气候

对植物生长并不有利。19世纪末就有人发现,在欧洲,海洋性气候条件下生长的小麦,蛋白质含量小,至多只有4%~8%。随着深入大陆,到俄罗斯欧洲部分,小麦的蛋白质含量增高达9%~12%,在比较干燥炎热的地区,小麦的蛋白质含量增高到18%,甚至在20%以上,苏联科学家证明:一个地区的气候大陆性越强,小麦的蛋白质含量也就越高。在气候温凉潮湿的地方,小麦的淀粉含量增加,而蛋白质含量却降低。人们为了补充蛋白质的不足,只好借助于肉类,但是又带来脂肪过多的缺点。可见,海洋性气候对农业并不很有利。其实在海洋性气候条件下生活,气候虽然温和,但是阴沉多雨的天气,并不利于人类精神和情绪。

## 为什么说大陆性气候是亚洲气候的主要特征之一

大陆性气候通常指处于中纬度大陆腹地的气候,一般也就是指温带大陆性气候。在大陆内部,海洋的影响很弱,大陆性显著。内陆沙漠是典型的大陆性气候地区。草原和沙漠是典型的大陆性气候自然景观。大陆度

是表示大陆性气候明显程度的一个指数。大陆性气候是地球上一种最基本的气候型。其总的特点是受大陆影响大,受海洋影响小。在大陆性气候条件下,太阳辐射和地面辐射都很大。所以夏季温度很高,气压很低,非常炎热,且湿度较大。冬季受冷高压控制,温度很低,也很干燥。冬冷夏热,使气温年变化很大,在一天内也有很大的日变化,气温年、日较差都超过海洋性气候。春季气温高于秋季气温,全年最高、最低气温出现在夏至或冬至后不久。最热月为7月,最冷月为1月。

大陆气候强烈是亚洲气候的主要特征之一。

首先,亚洲的广大内陆地区和高纬度地区与其他大陆同纬度地区气候相比,具有冬冷夏热、春秋短促、气温年较差大、降水季节集中、大陆度高等特点。例如,维尔霍扬斯克、雅库次克和赤塔都在亚欧大陆的东侧,而博德、特隆赫姆和比尔特三地在同纬度亚欧大陆的西侧,它们的气候类型迥然不同。前三地的共同特点是冬冷、夏暖热、气温年较差大。西伯利亚东北部的维尔霍扬斯克—奥伊米亚康地区,冬季酷寒,1月平均气温低达−50℃,绝对最低温度曾达−71℃,成为北半球的"寒极";7月平均气温在10℃以上。维尔霍扬斯克绝对年较差曾高达101.8℃,是世界上年较差最大的地区。另外,维尔霍扬斯克、雅库次克和赤塔3～4月升温和10～11月降温的幅度都很大,且春温高于秋温,降水主要集中在夏季。因此,三地属大陆性气候。在亚欧大陆西侧相应纬度的博德、特隆赫姆和比尔特,冬温在0℃左右,夏季凉爽,年较差仅15～18℃,春秋月际变温不超过4～5℃,春温低于秋温,属于海洋性气候。

其次,亚洲全境气候要素变化极端,这也是气候大陆性的一个反映。在亚洲大陆上,有世界上最热、最冷、最湿和最干的地区。例如阿拉伯、美索不达米亚、伊朗和巴基斯坦与非洲的撒哈拉,同为世界最热的地区,在沙特阿拉伯内陆绝对最高气温可达50～55℃;这里还是世界上最干燥的地区之一,沙漠广布,无流区面积广大。印度的乞拉朋齐是世界上的湿角,年平均降水量达10935毫米。

亚洲陆地面积广大,内地距海遥远,大陆轮廓完整,又缺乏伸入内地的海湾;同时亚洲又位于亚欧大陆的东部,削弱了西风环流和大西洋暖湿气流对亚洲气候的影响。根据纬度愈高和距海洋愈远气温年较差愈大的原理,亚洲广大的内陆和高纬度地区的气候与其他大陆同纬度地区相比,具有强烈的大陆性。维尔霍扬斯克—奥伊米亚康地区,地处高纬度,冬季受热很少,又位于亚洲的东北部,很难受到西风暖流的影响。从环流因素上讲,冬季这里处在强大的反气旋控制下,剧烈的冷却作用而引起低温;而这里向北倾斜的盆地和洼地地形,更有利于冷空气的集中和反气旋的发展。因此,使这里成为北半球最寒冷和世界上气温年较差最大的地区。

## 亚热带气候有哪些种类

### 1.亚热带季风气候与亚热带季风性湿润气候

(1)亚热带季风气候。主要分布在亚热带大陆东岸,以亚洲大陆东部(如我国秦岭—淮河以南)、北美大陆东南部、南美大陆东部、澳大利亚东南

部和非洲大陆东南角为典型。盛行风向季节变化显著。冬季受极地大陆气团影响,气温偏低,降水少;夏季受热带海洋气团影响,高温多雨,水分季节分配不均。自然植被是亚热带常绿阔叶林(东亚显著的原因:背靠最大的大陆,面临最大的海洋,海陆热力性质差异显著)。

(2)亚热带季风性湿润气候。在北美洲东南部及南美洲阿根廷东部地区及澳大利亚的东南部分布。这些地区,由于冬季也有相当数量的降水,冬夏干湿差别不大,所以叫亚热带季风性湿润气候。

气候成因也是海陆热力性质的差异,只不过该气候分布地区的海陆热力性质差异没有前者强,且降水比前者多。

### 2.亚热带地中海气候

主要分布在亚热带大陆西岸,如地中海沿岸、南北美洲纬度30°~40°的大陆西岸、澳大利亚大陆和非洲大陆西南角等地,以地中海沿岸分布面积最广、最典型。以北半球为例,夏季副热带高压带北移,为高压控制,这里受热带大陆气团影响,天气晴朗干燥、炎热少雨;冬季副热带高压带南移,受西风带(地中海锋带)影响,温暖多雨。自然植被是常绿硬叶阔叶林和常绿灌木林。

### 3.亚热带沙漠(干旱与半干旱)气候

(1)亚热带干旱气候。主要分布在南、北纬25°~35°的大陆西部和内陆地区,其基本特点与热带沙漠气候相似,也是全年干旱少雨,夏季高温炎热,但因纬度稍高,冬季气温比热带沙漠气候低。

(2)亚热带半干旱气候。分布于亚热带干旱气候区的外缘,全年干旱少雨。与亚热带干旱气候的主要区别是夏季气温较低,最热月平均气温低于30℃;年降水量较多,大于250毫米,所以土壤储水量增大,能够维持草类生长。

### 4.亚热带草原气候

特点基本与热带草原气候相同,但分布在亚热带。

# 为什么说温带气候是地球上分布最广的

冬冷夏热,四季分明,是温带气候的显著特点。我国大部分地区都属于温带气候。从全球分布来看,温带气候的情况比较复杂多样。根据地区和降水特点的不同,可分为温带海洋性气候、温带大陆性气候、温带季风气候几种类型。此外,还有地中海气候、亚寒带针叶林气候、亚热带季风和季风性湿润气候。

温带气候是世界上分布最为广泛的气候类型。由于温带气候分布地域广泛,类型复杂多样,从而为生物界创造了良好的气候环境,形成了丰富多彩的动植物界。从植物种类上来看,有夏绿阔叶林、针叶林和针阔混交林。草原地区生活着善跑能飞的动物,在阔叶林中生活着大型食肉类运物,针叶林中生活着一些耐寒动物。

位于地球的回归线和极圈之间,不能受到太阳直射,也不会出现极昼、极夜现象,阳光终年斜射的地带。

北回归线和北极圈之间为北温带,南回归线和南极圈之间为南温带。温带冬冷、夏热,气温比热带低,比寒带高;昼夜长短和四季的变化明显。温带占地球总面积的50%。

本带冬季气温降到0℃以下,河水和土壤届时结冻。但夏季仍然温暖。这一自然带分布于东亚的部分,属于温带季风气候,降水集中于夏季。分布于西欧的部分,属于温带海洋性气候,受西风影响,冬季降水量很多。植被同属夏绿阔叶林(原称落叶阔叶林),树叶较宽阔柔软,秋季脱落。若气候偏于湿润,土壤风化和淋滤较强,则发育为棕壤型,否则发育为褐土型。欧亚大陆东西两端的落叶阔叶林带都在靠海岸一侧较宽,向内陆变狭,最后"尖灭",两部分没有连成一体。动物方面,黑熊北自西伯利亚,南到印度、缅甸皆有分布,松鼠在北方也较普遍。此外,常见的还有野猪、狐、鼬等。

北美东部(约西经100°以东)落叶阔叶林带特征也较典型,是良好的农业区。南美南端伸人西风带范围,西南角亦有狭而短的落叶阔叶林带。

北半球的落叶阔叶林带最北部分,冬季更为寒冷,有3个月以上月平均温度低于0℃,森林由落叶阔叶树种和针叶树种混交形成。

# 地中海气候有什么显著的特征

地中海气候是亚热带、温带的一种气候类型。因地中海沿岸地区最典型而得名。地中海气候分布在地中海沿海最为典型的原因是地中海气候的成因是由西风带与副热带高气压带交替控制形成的,在地中海地区,夏季受副热带高气压带控制,地中海水温相比陆地低从而形成高压,加大了副热带高气压带的影响势力,冬季地中海的水温又相对较高,形成低压,吸引西风,又使西风的势力大大加强。

夏季炎热干燥,高温少雨,冬季温和多雨。这是地中海气候的显著特点。它的具体特征如下。

## 1.气候特征的特殊性

地中海气候的特点是:冬季受西风带控制,锋面气旋活动频繁,气候温和,最冷月均温在4~10℃,降水量丰沛。夏季在副热带高压控制下,气流下沉,气候炎热干燥,云量稀少,阳光充足。全年降水量300~1000毫米,冬半年占60%~70%,夏半年只有30%~40%。冬雨夏干的气候特征在世界各种气候类型中,可谓独树一帜。

### 2.气候成因的典型性

地中海气候的成因主要是冬季受西风带控制,锋面气旋活动频繁;夏季受副热带高压带控制,气流下沉。在世界十多种气候类型中,全年受气压带、风带交替控制的气候类型中,除地中海气候外,还有热带草原气候(赤道低压带与信风带交替控制)和热带沙漠气候(信风带与副热带高压带交替控制)。全年受西风带控制的气候是温带海洋性气候。

### 3.气候分布的广泛性

地中海气候的分布规律是位于南北纬30°~40°之间的大陆西岸。地中海气候是唯一的除南极大陆外,世界各大洲都有的气候类型。地中海气候的分布地区中,以地中海沿岸最为明显。其他地区如北美洲的加利福尼亚沿海、南美洲的智利中部、非洲南端的好望角地区和澳大利亚西南沿海等。其分布区大多经济比较发达,也是世界热点地区。

# 什 么 是 苔 原 气 候

苔原气候是极地气候带的气候型之一。多分布在欧亚大陆和北美大陆北部。全年气候寒冷,最热月气温在0~10℃,全年都是冬季。年降水量都在250毫米以下,大部分降水是雪,部分冰雪夏季能短期融化。相对湿度大,蒸发量小,沿岸多雾。因为温度低,树木已经绝迹,只有苔藓、地衣类植物可以生长。

全年受极地大陆气团与北极气团的支配。年平均温度低于0℃,最热月平均温度虽然高于0℃,但仍然低于10℃,这是它分别与永冻气候及冬寒常湿气候相区别的指标。这种气候条件下只能生长低等植物的苔原群落,故以它命名。夏季有时日最高气温可升至15~18℃,但每月都有霜冻。冬季漫长,白昼短,极端最低温度可达-40～-45℃。年降水量一般都不到350毫米,主要为气旋性风暴。主要分布在北半球濒临北冰洋的大陆沿岸,其南部与冬寒常温气候相接。南半球因相应的纬度为大洋所围绕,除个别岛屿外,基本不存在苔原气候。

苔原气候区夏季短暂,在地表生长出苔藓和地衣等植物,间或有一些低矮耐寒的灌木丛。景观为苔原景观。

# 冰原气候的分布及特点

冰原气候分布在南极大陆和格陵兰高原,是极地气候带的气候型之一。终年冰雪覆盖,所以也叫冰漠气候、冰原气候或永冻气候。最热月气温在0℃以下,气流下沉,降水量稀少,年降水量约100毫米,都是以雪的形式降落,风速常常在25米/秒以上,最大风速超过100米/秒,常把吹雪称为雪暴。

冰原气候分布在极地及其附近地区,位于北半球80°～90°,包括格陵兰、北冰洋的若干岛屿和南极大陆的冰原高原。这里是冰洋气团和南极气团的发源地,整个冬季处于极夜状态,夏半年虽是极昼,但阳光斜射,所得热量微弱,因而气候全年严寒,各月温度都在0℃以下;南极大陆的年平均气温为-25℃,是世界上最寒冷的大陆,1967年,挪威人曾测得-94.5℃的绝对最低气温,可堪称为世界"寒极"。地面多被巨厚冰雪覆盖,又多凛冽风暴,植物难以生长。

极地冰原气候位于地球的极圈以内,一年中正午太阳高度角最大值只有46°52′,并有极昼、极夜现象。北极圈以北为北寒带,南极圈以南为南寒带。极地气温较低,终年寒冷,冬季更甚,若遇上雪暴发生,风雪交加,极为寒冷。年温差大。北半球温带和寒带交界的地带,夏季最暖月均气温在10℃以上的地区,有广大的寒带针叶林,是世界木材的主要供应地。这里降水量稀少,以降雪为主,太阳辐射弱,地面辐射强,出现过地球上的极端最低气温。其土壤为冰沼土和永冻土,植被稀少,代表动物分别是北极熊和企鹅,有极光景观。

冰原气候区昼夜长短变化最大,有极昼和极夜现象,无明显的四季变化。极地气候区占地球总面积的10%。

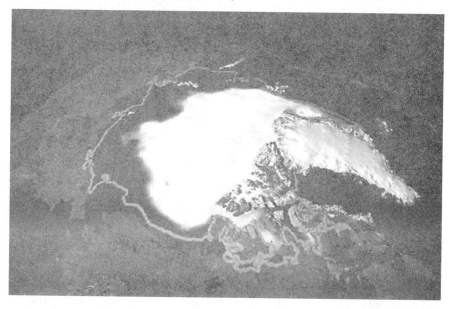

# 高原气候有哪些特点

高原气候是指高原条件下形成的气候。

全球中纬度和低纬度地区的著名高原,有中国的青藏高原、云贵高原、内蒙古高原和黄土高原,美国西部高原,南美玻利维亚高原和东非高原等。由于它们的地理位置、海陆环境、海拔高度和高原形态上的差异,气候也各不相同。虽然如此,但是它们都有一些共同的特点。

## 1.低压缺氧

大气压随高度而变化,组成大气的各种气体的分压,亦随高度而变化,即随高度增加而递减。氧气分压也是如此。高原地区大气压降低。大气中的含氧量和氧分压降低,人体肺泡内氧分压也降低,弥散入肺毛细血管血液中的氧将降低,动脉血氧分压和饱和度也随之降低,当血氧饱和度降低到一定程度,即可引起各器官组织供氧不足,从而产生功能或器质性变化,进而出现缺氧症状,如头痛、头晕、记忆力下降、心慌、气短、发绀、恶心、呕吐、食欲下降、腹胀、疲乏、失眠、血压改变等。这也是各种高原病发生的根本原因。

## 2.寒冷干燥

气温随着海拔的升高而逐渐下降,一般每升高1000米,气温下降约1℃,有的地区甚至每升高150米就可下降1℃。高原大部分地区空气稀薄、干燥少云,白天地面接收大量的太阳辐射能量,近地面层的气温上升迅速,晚上,地面散热极快,地面气温急剧下降。因此,高原一天当中的最高气温和最低气温之差很大,有时一日之内,历尽寒暑,白天烈日当空,有时气温高达20~30℃,而晚上及清晨气温有时可降至0℃以下,这亦是高原气候一大特点。

由于高原大气压低,水蒸气压亦低,空气中水分随着海拔的增加而递减,故海拔愈高气候愈干燥。高原风速大,体表散失的水分明显高于平原,尤以劳动或剧烈活动时呼吸加深加、快及出汗水分散出更甚。同时由于高原缺氧及寒冷等利尿因素的影响,机体水分含量减少,致使呼吸道黏膜和全身皮肤异常干燥,防御能力降低,容易发生咽炎、干咳、鼻出血和手足皲裂等。

### 3.日照时间长,太阳辐射强

高原空气稀薄清洁,尘埃和水蒸气含量少,大气透明度比平原地带高,太阳辐射透过率随海拔增加而增大,强紫外线和太阳辐射的影响主要是暴露的皮肤、眼睛容易发生损伤,皮肤损伤表现为晒斑、水肿、色素沉着、皮肤增厚及皱纹增多等。高原地区太阳光中的强紫外线辐射容易引起眼睛的急性损伤,主要是引起急性角膜炎、白内障、视力障碍及雪盲症。

### 4.其他因素

高原缺氧常致胃肠蠕动减弱,唾液、肠液及胆汁分泌减少,食欲减退,消化吸收不良。

# 陆地篇

## 为什么有的洞穴会涌鱼

人类对洞穴的研究是从20世纪初开始的。经过生物学家和洞穴专家近百年的努力,人类对洞穴有了许多的了解,能够解释很多有关洞穴的神秘现象,但仍存在着许多未解之谜,洞穴涌鱼就是其中之一。

涌鱼的洞穴在中国为数不多,主要有官封鱼洞、鱼泉洞、没六鱼洞、鱼山洞等。涌鱼的时间各不相同,有的在春季,有的在夏季,有的在每年春天第一声惊雷之后。持续的时间也不同,有的几天,有的几个月。由于洞穴环境无光,湿度大,温度变化大,使得在洞穴泉水中生存的鱼不但品种珍贵,而且形态各异,是鱼类中的珍品。

没六鱼洞,位于广西南宁和百色之间,在平果县城东南1000米处。这里山石奇巧,洞幽泉涌,属于石灰岩溶洞。全洞共长70多米,与右江附近的几条小溪相通。据史料记载,没六鱼洞在300多年前被逃荒的百姓发现,那时溶洞口及通道十分狭窄,人出入要弯腰爬行,山上杂草丛生,无路可攀。1978年改革开放后,国家为发展旅游事业,拨专款重建和拓宽了洞口及洞内通道,铺设了上山的道路。没六鱼洞中的涌鱼属珍贵鱼种,经有关专家鉴定,此鱼为岩鲮,是鲤科岩鲮属,当地人称之为"没六钱"。岩鲮是没六鱼洞里暗河的特产,它生长在清凉阴暗的地下河流中,以摄食岩石上附生物为主。每条不足3000克,鱼嘴长在头下边,下唇肥大,和常见鱼种不同。每年春夏之交,或冬至前后,鱼随着洞口喷涌的流水游出。由于终生在暗河中生存,它已不适应溶洞之外的环境,出洞几天后就会死去。当地水产研究所曾做过养殖试验,但没能成功。

鱼山洞,位于广东清远市阳山县白莲乡境内。这里四面环山,景色十分秀丽。鱼山洞洞口呈弓形,约20平方米,每逢雨季,洞口会涌出很多鱼,有鲢鱼、鲩鱼和鲤鱼,附近的百姓每年都可捕捞到2000多千克。鱼山洞涌鱼的历史虽然可以追溯到2000多年前,但至今还没有人敢进入洞口考察,所以整个鱼山洞还是一个谜。

鱼泉洞,坐落于河北省深水县境内、野三坡附近的马各庄。20世纪80年代这里被开发为旅游风景区,景色秀美壮观。鱼泉洞入口狭窄,洞内有一条地下暗河,水由何处来无人知晓。每年谷雨时节从洞中涌出黑背白肚、大小均匀的鱼,鱼的重量在0.5千克左右,鱼骨坚硬,当地人称这为"十口鱼"。

一些专家认为,洞穴涌鱼这一奇怪的现象可能和鱼类洄游产卵有关,但这一解释并不能令人信服。

## 风、水与冰的侵蚀会对地面产生什么影响

古谚语说:"滴水不停,无石不损。"这话直到今天仍然正确。科学家进一步发现,水的侵蚀力只是几种经常侵蚀大地的力量之一。江河溪涧虽有冲走松土的力量,可是,如果带尖锐棱角的岩石粒不是因风化及分解作用先行松脱,流水的磨蚀作用也不可能那样迅速。

风化作用主要看气候条件而定,特别是气温和雨量。气温反复升降,例如沙漠的昼夜温差较大,使岩石反复膨胀及收缩——这种胀缩力可使岩石崩裂。此外,渗入岩石孔缝里的水,结冰时便膨胀起来,好像楔子一样,把岩石劈开,把锯齿状的岩石边缘弄成圆钝,还把大块岩石分裂成碎块。植物的根也伸进岩石缝里,在生长时产生另一种压迫力。悬崖或山腹的岩

石,在冷热变化及植物生长等因素侵袭下,变得脆弱了。地心引力使岩屑碎石掉下来,落在山麓,形成一个个岩屑堆。这个过程中产生的岩屑碎石,在积雪融解及下雨时,被冲入江河溪涧。这些侵蚀后产生的物质,发挥另一种作用,成为流动的研磨剂。摩擦作用能使峡谷扩大,也能使坚硬岩石上的河床加深。

水除冲蚀陆地外,也是岩石起化学分解作用的主要因素。雨水离开云层时甚为纯净,降落时溶解了空气中的二氧化碳,着地时还把泥土中的盐分和其他固体物质冲出来。雨水在地面上流动时,又溶解一些其他化学物质,腐蚀能力因而更强。水中含酸性或碱性的强度,随土壤的化学成分不同而有所差异。但即使略带酸性的水,也能溶解大理石和由石灰石、氧化铁或其他溶于酸的物质结成的任何岩石。酸性的水侵袭岩石时,先腐蚀岩石面,然后穿过岩石微孔及岩层间的缝隙,渗入岩石,时间久了就会蚀成大洞。

壮观的古怪岩石往往是化学风化及侵蚀作用的杰作。例如,北美洲西南部沙漠中发现的拱门,就是砂岩的残余。砂岩的胶结物已受化学作用风化了,岩石里的砂粒脱落,被风和水带走。在干燥地区,风是强大的侵蚀力量。尘暴来临时,风带走松散的泥土,挟着有磨蚀力的砂粒,所向披靡,这叫作吹砂磨蚀作用。但是风吹起的砂粒,通常仅离地面数米,因而风蚀的岩石,与被其他力量侵蚀的岩石极难分辨。受吹砂磨蚀的岩石,上部通常比下部大。

风、水、冰这三种侵蚀作用,只反映了地球不断改变情况的一个侧面。从山巅或者峡谷磨损出来的物质,必定在别的地方沉积起来,或成为大河河口的泥沙,或成为大陆架上的沉积物,也有的成为深谷里的砂砾、沿海平原上的淤泥、沙漠中的大沙丘等。亘古以来,地球深处的隆起力量造成新的高山地区,侵蚀力量立即开始活动,就这样循环不息。

# 岩石为什么会发声

大千世界无奇不有,你们听说过会发声的岩石吗?

在我国广西靖西县,有个叫"牛鸣坳"的山坳,横卧着两块巨岩。左边那块三角形的巨岩,体积庞大,犹如卧在地上的一头大灰牛。岩石表面非常光滑,内部有很多交错的孔洞。游人对着孔洞吹气,便会发出一阵阵浑厚的"哞哞哞"的牛叫声,吹气越大,声音越响,顿时群山轰鸣,似有千军万马呼应。古诗便有"伏石牛鸣吹月旋"的记载,意为这里石牛一叫,月亮也会跟着旋转起来,这是用来形容牛鸣石的神奇力量。

在美国的佐治亚洲,有这样一种会发出声音的岩石,人们将它们称为"发声岩石"异常地带。这里堆满了形态各异的岩石,它们不仅能够发出声音,而且发出的声音就像一首首悦耳的音乐。倘若人们用小锤轻轻敲打这些岩石,无论是大岩石,还是小岩石,还是那些小小的碎石片,都会发出一种特别动听的声音。这美妙的声音不仅音质纯美,而且十分清脆,就好像清澈的泉水一样,令人陶醉。如果不是亲眼所见、亲耳所闻的话,人们根本就不会相信这声音是靠敲打岩石发出来的。更令人感到费解的是,这里的岩石只有在这个地方才能发出如此悦耳的音乐,搬到别的地方就不会"发声"了。

在美国加利福尼亚州的沙漠地带,有一块巨大的岩石也会发出声音,而且它大得惊人。在这附近居住着许多印第安人。每逢圆月当空的时候,印第安人就把它包围住了。而当这个时候,那块巨石就会慢慢地发出一阵阵动听的乐声,时而委婉飘扬,好像一首甜美舒缓的小夜曲;时而忧郁哀怨,好像一首低沉的悲歌。巨石周围的人一边顶礼膜拜着,一边如痴如醉地欣赏着这美妙的音乐。熊熊的浓烟载着这神奇的乐声,飘向了空旷的沙漠,飘向了无尽的夜空。这块巨石为什么会发出那样动听的乐声呢? 这块巨石里面又隐藏着什么样的秘密呢? 这些问题,没有人知道,也没有人能够说清楚。

那么,到底是什么原因使得这些地带产生这种奇特的现象呢?这些岩石为什么会发出那样美妙的声音呢?科学家们针对这些问题进行了一次又一次的探索和研究,对产生这种现象的原因也进行了种种推测和解释。有人认为,这些地方是地磁异常带,存在有某种干扰源,岩石在辐射波的影响下,受到谐振,于是就会发出声音。然而这仅仅是一种推测,还没有得到充分的证实。这里面到底隐藏了什么样的秘密,却无人知晓。

## 黄土高原是怎样形成的

在我国的北方存在着一片广袤无垠的高原,那里终年被黄土所覆盖,这就是大家所熟悉的黄土高原。据卫星观测,黄土覆盖的面积可达37万平方千米,其土层的厚度也100余米,堪称世界之最。

这么多的黄土来自中亚以及我国西北的沙漠地区和蒙古高原。上述地方都处于干燥荒漠地区,昼夜温差大,即使是非常坚硬的岩石在这种剧烈的热胀冷缩的作用下也变成了细小的微粒和尘土。在冬季盛行的西北风作用下,每秒都有数以万吨计的沙粒被卷入高空,随风南下,随着风势的减弱,最终降落在秦岭以北的地方。经过数百万年的累积,逐渐形成了现在大家所看到的浩瀚无边的黄土高原。

# 沼泽是怎样形成的

中国工农红军在1934~1935年的二万五千里长征中,曾走过漫漫草地,这种草地就是沼泽地。沼泽地大多分布在地表低洼的地区。在这种地区,地势低平,积水较多,气温较低,蒸发量很小。

形成沼泽的原因有两种。一种是在江河湖海的边缘或浅水部分,由于泥沙大量堆积,水草丛生,再加上微生物对水草残体的分解,逐渐演变成沼泽。另一种是在森林地带、草垫区、洼地和永久冻土带,地势低平,坡度平缓,排水不畅,地面过于潮湿,繁殖着大量的喜湿性植物。这些植物又霉烂形成黑色泥炭层,逐渐形成沼泽。沼泽地区的植被都是喜湿性草本科植物,主要是莎草、苔草和泥炭藓。沼泽地不能长庄稼,有些沼泽下面是无底的泥潭,看上去好像毛绒绒的绿色地毯,人一踏上去就会陷进去。当年许多红军战士就是这样牺牲在沼泽地上的,因此人们称它为"绿色陷阱"。现在越来越多的沼泽地正在被改造成良田。

沼泽是平坦且排水不畅的洼地,地面长期处于过湿状态,或者滞留着

流动微弱的水,生长着喜湿和喜水的植物,有泥炭沉积。沼泽是陆地水的组成部分,全球沼泽面积约112万平方千米,约占陆地面积的0.8%,大部分集中在亚洲、欧洲和北美洲的寒湿地区。我国的沼泽面积大约11万平方千米,占国土面积的1.15%。主要分布在沿海地区、四川若尔盖高原、东北三江平原和大小兴安岭、长白山等地。

## 盆地是怎样形成的

盆地四周高、中间低,整个地形像一个大盆。盆地的四周一般有高原或山地围绕,中部是平原或丘陵。盆地主要有两种类型:一种是地壳构造运动形成的盆地,称为构造盆地,如我国新疆的吐鲁番盆地、江汉平原盆地;另一种是冰川、流水、风和岩溶侵蚀形成的盆地,称为侵蚀盆地,如我国云南西双版纳的景洪盆地,主要由澜沧江及其支流侵蚀扩展而成。盆地面积大小不一,中国的四川、塔里木、准噶尔、柴达木等盆地,面积都在10万平方千米以上。小的盆地只有方圆几千米,在贵州叫"坝子"。有些盆地内的自然条件优越,资源丰富,被人们称为"聚宝盆"。

## 冰山是怎样形成的

冰山体积的90%都沉浸在水底下,我们在海面上所看到的仅仅是它的头顶部分。它在水底部分的吃水深度一般都超过200米,深的可达500米之多。这一座座巨大的冰山,随着海流的方向能漂流到很远很远的地方。在正常情况下,它们每天大约能漂流6000米。许多大冰山在海上可以漂流十几天,最后由于风吹日晒、海浪冲击,渐渐消失在温暖海域的海水中。其实,冰山并不是真正的山,而是漂浮在海洋中的巨大冰块。在两极地区,海洋中的波浪或潮汐猛烈地冲击着附近海洋的大陆冰,天长日久,它的前缘便慢慢地断裂下来,滑到海洋中,漂浮在水面上,形成了所谓的冰山。

## 岛屿是怎样形成的

　　四面环水的小块陆地称为岛屿。按岛的成因可分成大陆岛、火山岛、珊瑚岛和冲积岛四大类。大陆岛是一种由大陆向海洋延伸,露出水面的岛屿。世界上较大的岛基本上都是大陆岛。它们是因地壳上升、陆地下沉或海面上升、海水侵入,使部分陆地与大陆分离而形成的。火山岛是因海底火山持久喷发,岩浆逐渐堆积,最后露出水面而形成的。珊瑚岛是由热带、亚热带海洋中的珊瑚虫残骸及其他壳体动物残骸堆积而成的,主要集中于南太平洋和印度洋中。珊瑚礁有三种类型:岸礁、堡礁和环礁。冲积岛一般都位于大河的出口处或平原海岸的外侧,是河流泥沙或海流作用堆积而成的新陆地。世界最大的冲积岛是位于亚马孙河河口的马拉苦岛。其中面积较大的称为岛,如我国的台湾岛;面积特别小的称为屿,如厦门对岸的鼓浪屿。聚集在一起的岛屿称为群岛,如我国的舟山群岛。而按弧线排列的群岛又称为岛弧,如日本群岛。三面临水,一面和陆地相连的称半岛,世界上最大的半岛是阿拉伯半岛。全世界的海岛有20多万个,海岛总面积达

996.35万平方千米,占地球陆地总面积的6.6%。全世界有42个国家的领土全部由岛屿组成。

# 为什么冰川会流动

　　冰川分布在年平均气温0℃以下、气候寒冷的两极地区或海拔很高的高山地区。这些地区以固体降水为主,降下的雪花在地面上积累起来,越积越厚。积雪在阳光的照射下融化,因受周围低温影响,马上又凝结成冰;有些则在重压的作用下,压紧凝结,形成冰。这些冰随着体积和重量的不断增加,最终成为冰川冰。冰川冰继续发展,当重力大于地面摩擦力时便会发生流动。有时,冰川在自身重力的作用下,也会发生塑性流动。

　　冰川的流动速度很慢,一般每天只有几厘米,最多的也不过数米之远。

# 湖水为何有咸有淡

多数湖泊的水,都是河水注入的。江河在流动的过程中,河水把所经过地区的岩石和土壤里的一些盐分溶解了,另外沿途流入河流里的地下水也带给它一些盐分,当江河流经湖泊时,又会把盐分带给湖泊。如果湖水又从另外的出口继续流出,盐分也跟着流出去了,在这种水流非常畅通的湖中,盐分很难集中,所以成为淡水湖。有些湖泊排水非常不方便,而且因气候干燥,蒸发消耗了很多的水分,含盐量便愈来愈高,湖水就会愈来愈咸,成为咸水湖。也有人认为,咸水湖在地质时代里,原是海的一部分,因此湖里的水保留了很多的盐分。还有人说,咸水湖是由结晶岩石经过风化,所含盐分被释放出来,或者地下水把古代沉积的盐溶解之后带入湖里等原因造成的。

# 瀑布是怎样形成的

瀑布,地质学上称作跌水,是由地球内力与外力共同作用而形成的。如断层、凹陷等地质构造运动及火山喷发等造成地表变化,流动的河水突然几乎垂直地跌落,这样的地区就构成了瀑布。瀑布说明河流的重大中断。这种瀑布主要是因为内力作用而形成的。还有一种是由流水的侵蚀和溶蚀等外力作用而形成的,如河床岩石软硬不均匀,较松软的岩石容易被流水侵蚀掉,从而形成高低落差很大的地势差别成为瀑布。此外,冰川对岩石的侵蚀也可造成瀑布。

我国瀑布很多,贵州白水河上的黄果树瀑布、黑龙江镜泊湖上的吊水楼瀑布,以及江西庐山的开先瀑布、三叠泉瀑布、黄龙潭瀑布、乌龙潭瀑布等等。如此多的瀑布装点着祖国的河山,使景色更加壮美。其他国家瀑布也很多,以不同的姿态丰富着大好河山,千姿百态,变幻无穷。

世界著名的伊瓜苏瀑布,位于巴西与阿根廷两国交界的巴拉那河流域,它的支流伊瓜苏河长不足700千米,水量却十分丰富,大量河水奔腾倾泻,形成了一个宽大的瀑布。该瀑布平均高度为40多米,最高的鬼吼瀑高达72米。气势磅礴,宛如长虹,一派绚丽景象。

巴拉那河上的塞特凯达斯大瀑布被誉为世界上流量最大的瀑布。在汛期时,它以3万立方米/秒的流量倾泻而下。从远处望去,瀑布就像一条银链从天而降,飞溅的水珠在阳光的照射下若隐若现,呈现出一幅人间奇景。

世界上的瀑布形形色色,多姿多彩,形成的原因也很多,主要有以下几种:地壳运动造成了很陡的岩壁,河流经过这里,自然就飞泻而下;火山顶端留下的火山积水成湖,湖水溢出;火山喷出的岩浆或是由地震引起的山崩堵塞了河道,形成了天然的堤坝,提高了水位,水流溢出;河流的河床中,硬性岩石不易被冲蚀,软性的岩石容易被冲蚀,产生了河底地形的高低差别,在古代冰川"U"形谷,后来被河流占据,水流在深浅差异很大的谷地交接流过;在河流注入海洋处的海岸边,如果海岸被破坏的速度很快的话,原来高出海面的河底就会"悬置"在海岸上;在石灰岩地区暗河流过的地方,地势高低陡然变化,或者暗河从陡峻的山崖涌出。

# 为什么会形成化石

　　动植物死亡后,埋在泥沙里。随着时间的推移,动植物尸体会随着泥沙的沉积逐渐被埋在地球深处。由于地底的压力很大,温度很高,沉积的泥沙逐渐变成了一层岩石,地质学上叫地层。动植物的坚硬部分——骨骼、贝壳等也随着泥沙逐渐变为地层而像岩石一样坚硬;动植物的那些柔软部分,如叶子等,也可能在地层中留下印迹。这样,化石就形成了。化石形成后,不管地球上发生怎样的变化,它也不会改变。因此,化石成了记录地球历史的特殊文字。根据这些特殊文字,人们可以了解地层的年龄和当时的一些情况。

# 岩石是怎样形成的

　　地壳处于缓慢的运动之中,正是这种运动改变着构成地球表面的岩石形态。高山受挤压耸起,又经风化侵蚀,分解成砂砾、碎屑堆积起来,形成其他种类的岩石。这些岩石可能会沉入地幔,在高温下熔化。火山喷发时,熔化的岩石以岩浆形式被喷到地面,液岩冷却凝固后又变成岩石。岩石又会风化、分解,开始了下一个循环周期。

岩石有三种基本的类型。岩浆岩是由岩浆或熔岩形成的,也称火成岩。沉积岩是由砂砾、碎屑沉积而成的。变质岩是由其他类型岩石,在受热和重力的作用下,经受了变质作用而形成的岩石。

## 铁矿是怎样形成的

地球上分散在各处含有铁的岩石,风化崩解,里面的铁也被氧化。这些氧化铁溶解或悬浮在水中,随着水的流动,逐渐沉淀堆积在水下,成为铁比较集中的矿层。在整个聚集过程中,许多生物起着积极的作用。铁矿层形成后,再经过多次变化,譬如地壳中的高温高压作用,有时还有含矿物质多的热液参加进来,使这些沉积而成的铁矿或含铁较多的岩石变质,还可以再经过风化,把铁进一步集中起来,造成含铁量很高的富铁矿。

还有些铁矿是岩浆活动造成的。岩浆在地下或地面附近冷却凝结时,可以分离出铁矿物,并在一定的部位集中起来;岩浆与周围岩石接触时,也可以相互作用,形成铁矿。

## 黄河为什么会"搬家"

河流还会搬家吗?通俗点说就是"河流改道"。其实,这是一种比较常见的自然现象。

在地球上有一些河流,它们河床的位置经常会改变,今年在这里流,几年之后又流向另外一个地方,成了会搬家的河流。

在整个地球上,改道"搬家"最多的河流要数我国的黄河了。

黄河现在是从山东北部流入渤海。然而,在历史上黄河入海的地方曾多次发生过变迁。黄河曾经流到天津入渤海,也曾经流到今天的淮河河道,进入黄海。两个入海口之间的距离,大约为五六百千米。

史书曾记载过黄河搬家的情况。2000多年的时间,黄河决口、泛滥成灾多达1500多次,平均每3年就要决口两次。其中,决口造成的大面积改道有26次,平均每100年就要改道一次。

黄河的改道,除自然原因外,还有人为的因素。1938年以前,黄河下游基本上是沿着今天的河道,从山东北部流入渤海。1938年,抗日战争爆发后,国民党为了保护中央军撤退,竟不顾黄河下游两岸人民的生命财产,在河南郑州以东的花园口炸开黄河南大堤,使滚滚的黄河水向南流入河南、安徽、江苏,最后与淮河河道合二为一,东流进入黄海。从1938年到1946年,黄河就沿着这条新开辟的河道流了9年,使沿河多达40余县受灾,数十万无辜群众死于洪水之中。

中华人民共和国成立以前,除黄河外,河流改道这种现象在我国华北平原上也十分普遍。永定河、漳河、滹沱河等都是很会搬家改道的河流。

河流为什么会改道?河流搬家之谜在哪里呢?一般我们把一条河流分为上、下游两段。上游一般多为高山深谷,河水奔流在坡度很大的河床

里,河床受到强大的冲刷力量,这称为"河流的侵蚀"。侵蚀作用能够劈开坚硬的岩石,形成大量的泥沙,湍急的河水又将这些泥沙带入下游,这就是"河流的搬运"。河流的下游,地势较为平坦,水流也开始减慢,使得河水的侵蚀作用减弱了,同时,河水挟带的泥沙也渐渐沉积下来,堆在河床里,这就是"河流的堆积"。

世界上一切河流都在不停地重复着上述三种"工作",侵蚀与堆积工作性质相反,而搬运是连接这两种"工作"的桥梁。侵蚀、搬运、堆积,三者结合起来,组成了河流"工作"的全部内容。

在一条具体的河流上,上述三种"工作"常常是同时进行的。上游在受到侵蚀的同时,也伴随有轻微的堆积;同样,下游也有一定程度的侵蚀;就是到了入海口,河流的搬运作用也没有全部消失。只是那里的搬运作用很小,挟带的多是些十分细小的物质罢了。年复一年,结果使上游河谷不断加宽、加深;下游的河床不断堆积而抬高。当下游河床升高到高于河床两侧地面时,河水冲决河堤,另找新的河道,河流就要搬家了。

河流改道是一种很难避免的自然现象。若要河流上游土质松软,侵蚀和搬运作用就特别强烈,河流下游堆积作用就会增强,河流改道的问题就会特别严重。关于这一点,黄河是一个突出的例子。

黄河的中、上游流经土质松软并且颗粒细腻的黄土高原,又很少有茂盛的森林覆盖,土壤侵蚀非常严重。洪水季节,1立方米的黄河水中含沙量竟高达300多千克。平均每年黄河带入下游的泥沙总量达16亿吨之多。河水中的泥沙如此多,到了下游,一部分就会堆积在河床里,河床必然急剧抬高,遭遇洪水,黄河就只能搬家了。

然而,若想治理黄河,彻底解决黄河带给下游两岸人民的灾害,就需要黄河上、中游下功夫。在黄土高原上大面积植树造林,增加植被覆盖面积,减少流水的侵蚀作用以及黄河的泥沙来源。

# 高山是怎样形成的

谁都知道什么叫作山。海拔8848米的珠穆朗玛峰是座山,可是海拔不足500米的香炉峰也叫山,"山"这个名号用于这样不相称的两处时,意义便显得不一致了。

那么,地质学上,什么叫山呢?

地质学家把山的意义加以精确的规定。他们从结构上给山下定义。就是说山之所以为山,是归因于地质结构,而不是归因于高出海平面多少。有一些形似平原或高原的崎岖高地,例如西藏那些高地,高度上自然是像"山",但并不是由于地质学上所谓造山运动形成的;另外,在加拿大及其他地区,有些低平的岩面,却是真正的山。它们现在很矮,那是因为受损蚀,快到地平面了,但它们仍然称为山,因为它们的基层地质结构符合山的定义。在海面下也有真正的山,例如中大西洋山岭。

为什么会有山? 山又为什么会坐落在目前的位置? 想彻底了解眼前

所见的地球面貌,必先了解地球内部的性质,和地下几千千米处那股强大力量所起的作用。

人们一般都以为我们这颗行星的结构是一层薄壳包裹着里面的熔融体。真是这样的话,地球自转所产生的内部浪潮就会极其强烈,最后可能使地壳破裂,既使地壳坚硬得足以顶住这种动力,内部摩擦也可能使地球停止自转。转动两枚鸡蛋,一枚是生的,一枚是煮熟的。生鸡蛋内部因为是流体,旋转的时间要短得多。

假定我们这颗行星是一枚熟透了的大鸡蛋,基本上是个固体,只是构造不均匀,说得确切点是由几个同心"壳"或环带构成。环带间的界限清楚分明。

岩石在地面下越深,热度越高,平均来说,每深100米,热度则增高1℃。压力通常能使物质的熔点升高,因此深处的岩石虽然遇到足以熔化的高温,但在高压力之下仍然是固体。

一般而言,地球内部分成许多层:上地壳、下地壳、上地幔、下地幔,中心是地核。上地壳厚度在各大陆下最薄处只有30千米左右,在海洋下只有6千米。

上地壳虽只是包着地球其他部分的一层薄膜,却重要无比。地壳因为有坚硬的岩石结构而相当稳定。地壳上部接触大气,地壳表面提供生物生存的条件。波澜壮阔的演化过程一直在这里进行,从在原始海中浮游的单细胞生物演化到能在陆上活动的动物。

下地壳叫作岩石圈,厚96~160千米,分成几个不同板块,各大陆就在板块上面。岩石圈之下是地幔,地幔上部约厚600千米,是半熔融体,称为软流圈。再下面是地幔较坚硬的一层,约厚2700千米。

最后在地球的中心是地核,厚4300千米,也分成两层,外层是流体,内层坚硬,而两层都是由铁及镍构成的。地核的温度估计为3900~4800℃,压力比地球表面高350万倍。无论如何,千万别以为地壳以下的地球内部是类似水泥块那样结实的东西。

造山运动包括地壳的扭曲和弯折,以及地壳表面或附近岩石的塌陷和喷发。这可能是一个连续不断的过程。阿尔卑斯山脉、喜马拉雅山脉、安第斯山脉、洛基山脉及世界其他大山脉，都是由于地质史上某一段时间发生的灾变而隆起的。这些山脉都是地壳内部经过长时间缓慢挤压而逐渐形成的。这种活动称为"地壳运动"。高山、深海、低洼沼泽、一望无际的平原、悬崖、峭壁、峡谷等，这些不同的地形，主要都是地壳运动的结果。

最高的大山上有许多地方可以看出，海底某些部分已经升为陆地。在阿尔卑斯山脉、安第斯山脉、喜马拉雅山脉及许多其他山脉中的石灰石、砂岩及页岩里发现的化石证明了这一点。什么原因使海底升到这样高？这是地壳运动的结果。随着构成地壳的板块移动，这些沉积物开始逐渐升到海平面以上。在其他地区，海底下面的热岩浆向上涌出，使海底升高。这些造山运动过程持续亿万年，直至原来海底的某些部分成为高地。然后，遭受风化作用与侵蚀作用，把山摧毁，又把碎石岩屑再度冲入海。沉积物填塞盆地后，再次升高。在永无穷尽的循环下，山就这样诞生及毁灭。

那么升高的原因是什么呢？一种解释是均衡原理。推倒一个积木搭成的塔，积木就乱成一堆，有的积木压在其他积木上面，有的散在周围，视积木的大小、形状、位置、重量、角度及跌落时速度而定。在地心引力使积木保持平衡，从而达成均衡状态之前，积木会不停地找平衡。

地壳的不同部分以不同方法想达到均衡状态。在某些地方，地壳的两个板块相遇而相互挤压时，产生极强的压力，使地壳上升和褶皱。喜马拉雅山脉、阿尔卑斯山脉及安第斯山脉都是板块压力造成的"褶皱"山脉。

有时板块压力是背向而行的。地壳板块彼此移开时，岩石裂分为巨块，有些向旁移动，有些向上或向下移动。这种地壳破裂称为"断层作用"。这样形成的山脉为"断层"山，例如加利福尼亚州的内华达山。

在地壳活动强烈的地区，沿着断层线或脆弱地带，地球表面可能发生剧烈移动。这种地质现象的显著实例是加利福尼亚州的圣安第斯断层，以及起自死海附近贯穿东非的大峡谷。

有时地壳断层作用或褶皱作用并不强烈，轻微的褶皱却会形成好像巨大水泡似的地形，称为"穹形"山。英国湖泊区的山岳及美国南达科他州的黑山就是这类山的实例。

前面已经提到,由地球表面往下,温度渐增。由于下地壳及地幔层的岩石受到极大压力,除非把这压力减低,否则岩石不会熔化。在断层或地壳断口的地方,压力减轻了,接近表面的岩石就成为熔融的岩浆。这是一种黏滞的硅酸盐熔化物,可能像蜜糖似地流出地面,还会在地面上流动。

在有断层以及断口的地壳脆弱地点,火山可能会爆发,喷出的熔岩、浓烟与气体冲上云霄。另外,海底喷出的热进入海洋,消散在数千立方千米的海水中。热也可能造成断层,或逐渐把广大地区的岩层向上推升。

目前的主要地震带及火山活动地带,也正是幼年山脉出现的地区。现有的幼年高山,有些年龄还不足5000万年。阿尔卑斯山以及从中亚帕米尔高原伸展出去的几条大山脉,年龄不过4000万年。如果我们能把地球历史紧缩起来,就会看到地质上千变万化的情景,震撼大地的山峦起伏的情形,一如怒海波涛那样汹涌。

## 为什么圣克鲁斯镇的人可以一步步走上墙壁

在美国犹他州议会大楼附近,有一个约500米的陡坡,表面与其他任何斜坡公路没什么异样。可当你驱车来到坡下,停车不动时,车竟会自动缓缓爬上斜坡,就像有个无形的力从后边推你的车或从前边拉你的车似的。人们把这神秘的斜坡称为"重力之丘"。越重的物体,在"重力之丘"受的作用力越大,而对童车、皮球之类较轻的物体,几乎不起作用。

美国加利福尼亚州圣克鲁斯镇,这里的人可以一步步走上墙壁,轻松自如,如履平地。是魔术吗? 不是。这也是地球引力异常造成的。这里的吸引力不是来自地下,而是来自斜壁,或是斜坡。镇里还有个小屋,人们只要穿着胶底鞋,就能斜着站,甚至能成45°角,倾斜站立而不倒地。当飞机从小镇上空飞过时,所有的仪表指示器都会失灵,飞机会脱离航线。小鸟飞经时,也会像迷失方向一样瞎飞乱撞,甚至坠落到地面上。

# 为什么有些地方的水流方向非同寻常呢

靠近希腊卡尔基斯市附近的埃夫里波斯海峡,是一个让人捉摸不透的地方。这里的水流瞬息万变,反复无常。一会儿向南奔泻,一会儿向北倾注。一昼夜这么忽南忽北地变化方向达11~14次之多,最少也有六七次,海水流速也大得惊人,每秒8.5海里。这对过往的船只常常形成极大危险。有时,浪涛滚滚的海面突然风平浪静,像个熟睡的孩子,悄然无声;可不到半个小时,海水又像一匹横冲直撞的野马,忽南忽北地折腾起来。有时又能一连12小时规规矩矩,认准一个方向奔流而去。

我国台湾省东部沿海地区有个叫都兰的地方,这里山脚下有股溪水,一反"水往低处流"的常规,涓涓细流莫名其妙地向山坡上流去。这是大自然中的"虹吸"现象,还是另有原因?

地球的北纬30°是一个引人注目的地带,尽管经纬度的划分是人类为了认识地球所为,但沿着北纬30°这一地带,确实发生过许多难以解释的现象。中国的长江、美国的密西西比河、埃及的尼罗河、伊拉克的幼发拉底河等大江大河的入海口都是在北纬30°线上。这一地带穿越世界最高的地方——青藏高原和喜马拉雅山,也穿越世界最深的海沟——西太平洋的马利亚纳海沟,经过著名的埃及金字塔、撒哈拉大沙漠以及传说中沉没的大西洲,还要经过大西洋上神秘莫测的百慕大三角区。我国黄山、庐山、峨眉山等具有独特地貌的峻岭名山也处在这一地带,如果沿着北纬30°旅行,沿途都是地球上具有最奇特景观和最神奇的地方。

# "火焰山"竟然不是神话

《西游记》中有一段最精彩的故事:孙悟空三借芭蕉扇,唐僧师徒智闯火焰山。这火焰山并非杜撰,而是确有此山。它就是位于新疆吐鲁番地区的火烧山。

在《西游记》中,相传火焰山是孙悟空大闹天宫时,蹬倒了太上老君的炼丹八卦炉,有几块耐火砖带着余火落到了地上,化生出来的。

火烧山最早记载于奇书《山海经》中,称其为"炎火之山"。因古代人不解"山何以会燃"而编出了一个个奇妙的神话来。现代人揭开了火烧山之谜,"火焰山"从此告别了神话世界。那如同烈焰飞腾的火烧山像一条火龙盘绕在天山脚下,"白天烟雾腾腾,黑夜火光冲天"。这烟这火是源于此地的一片大煤田。火烧山地表下有一厚达39米的易烧层。由于吐鲁番地区干旱少雨,炎热似火,难以形成土壤覆盖煤层,又由于天山上升运动高出潜水位,暴露在空气中的煤层便自行着火燃烧,燃烧时形成了裂隙成了通风"烟囱",促进了煤层的不断燃烧。燃烧过的岩石变成了红黄色的火烧岩,质地坚硬,不易剥蚀,便成了一座座火烧山断断续续矗立在地面上。夏日炎炎,骄阳似火,红色岩石在烟气作用下火光闪闪,俨然一座骇人止步的"火焰山"。科学家在高出地表百米的火烧山上,还发现了被冰川搬运到6千米之外的天山脚下的烧结岩。这说明,煤层燃烧必是发生在冰川之前,距今已有几十万年了。第四纪以来煤层的燃烧就未停止过。

## 泥火山为什么喷出的不是岩浆而是泥

众所周知,火山一般都是由火山口喷出地下岩浆,不管中国还是外国都是如此。但此处,我们介绍的不是普通火山,而是罗马尼亚境内的一座泥火山。泥火山和熔岩火山有哪些不同呢?

　　仲夏时节,乘车从布加勒斯特出发,沿着通往布泽乌市的公路前进,行驶200多千米,来到贝尔上瞳乡,再乘车向北走约10多千米,便是靠近泥火山的伯切尼村。这一路上,会发现远离和靠近伯切尼村的自然景色发生了明显的变化:开始时,呈现在眼前的是林木繁茂,一片翠绿。当汽车抵达伯切尼村时,只见眼前出现的则是座座黄土山,山上无树,有些地方只长了一些茅草。

　　从伯切尼村向北走不远,便看见一座高不过200米的山丘,山坡上没有一棵草,全是细腻的灰土。山丘的顶部,有好几处喷泥浆的孔,有圆形的,有月牙形的,也有菌状的,壮观别致,这就是著名的泥火山。

　　但最使人感兴趣的是那些形态各异的泥火山口。从山口时而喷出银灰色的泥浆(而不是岩浆),同泥浆一道还有一股气体从地底冒出来。这种气体一到地面又自燃了,形成一种微弱的蓝色火焰。那些在地表层形成的气泡,发出咕噜咕噜的声音,似乎在窃窃私语。山口又喷泥,又冒火,泥浆的堆积使山丘逐渐在长高,这真是一处特异的自然景观。

　　据当地一个年纪约30岁的牧民说,这里地下蕴藏着石油和天然气,而这不灭的火焰也正是由迸发到地表面的纯天然气点燃的。这些细腻的泥浆含有大量盐分,它随着水分的蒸发凝固成各种形状的灰白色的实体。

　　泥浆、火焰、银灰色的山,它像奇迹一样从荒原里冒了出来,这大概就是泥火山为人倾倒的魅力所在吧!

# 火山造就了哪些奇谷

火山活动是一种极其壮观的自然现象,它是地下深处的炽热岩浆冲破地表岩层喷出地表产生的。由于火山的大小、岩浆源、地质、地理情况的不同,火山还创造了一个个奇特的景观,如地理学上所谓的"死谷""荒谷""万烟谷"。

## 1.死谷

俄罗斯堪察加半岛有一个长约2千米、面积约8平方千米的山谷。人畜一旦误入谷中,必死无疑,连天空中飞经此谷的老鹰,也常堕入其中。山谷里尸横遍地,腐臭难闻,当地人称其为"动物墓地"。这是为什么呢?原来此谷处于火山分布区。谷中地层里含有大量硫,不少纯硫裸露出地面。加之这里有一个三面峭壁环抱、一面是小热泉冲出缺口的小凹地,地下溢出的热气由二氧化硫、甲烷、硫化氢及惰性气体构成,比重大,不能飘离地面,而在小凹地这天然密闭的"气库"里更难以散逸。遇到无风天,这种有毒气体越聚越浓,致使误入谷地的人或野生动物立即中毒身亡。此地因此得名"死谷"。像"死谷"这类自然现象在世界上有多处,如我国腾冲火山区沙坡村的"扯雀坑"和曲石的"醉鸟井"都属于这一类。

## 2.荒谷

在加勒比海有一个由几座火山构成的多米尼加岛。岛南部的亚特山附近有一个小山谷。山谷里寸草不生,一片荒凉,因此得名"荒谷"。荒谷虽秃,却成为世界旅游者猎奇的胜地。因为在荒谷海拔690米的山坡上,有一个与特立尼达岛上的沥青湖并称为加勒比海两大奇迹之一的"沸湖"。湖中热水上涨时,湖面如开锅似的,沸腾翻滚,蒸汽缭绕。同时一股高达两三米的热流喷出湖面,喷射约几十分钟便停止,湖面一片幽静。突然,湖底一声巨响，一根银色水柱从湖底腾起，直冲空中，壮观之极。顿时又蒸汽弥漫，湖水沸腾，不久戛然而止，再度平静。多少年来，周而复始，逐渐地形成一大奇观。由于湖水散发的蒸汽中含有大量硫黄，谷地上又到处是硫质喷气孔，使整个山谷笼罩在含硫气体中，草木难以生存，此处便成了荒谷。

### 3.万烟谷

加勒比海是大西洋西部的一个边缘海。西部和南部与中美洲及南美洲相邻，北面和东面以大、小安的列斯群岛为界。其范围定为：从尤卡坦半岛的卡托切角起，按顺时针方向，经尤卡坦海峡到古巴，再到伊斯帕尼奥拉（海地、多米尼加共和国）、波多黎各，经阿内加达海峡到小安的列斯，并沿这些群岛的外缘到委内瑞拉的巴亚角的连线为界。尤卡坦海峡峡口的连线是加勒比海与墨西哥湾的分界线。加勒比海东西长约2735千米，南北宽在805～1287千米，总面积为275.4万平方千米，容积为686万立方千米，平均水深为2491米。现在所知的最大水深为7100米，位于开曼海沟。

美国阿拉斯加州卡特迈火山西北约10千米处，有一个山谷长年气柱林立、浓烟滚滚，构成了一处奇特壮丽的景观。原来在这片被卡特迈火山灰

砾铺盖的地面上,布满了一排排成千上万的喷气孔。有一排竟长达千米以上。伴着隆隆巨响,这千万个喷气孔同时向空中喷出混杂着火山灰砾的炽热气体。在高压气流的推动下,热气以飓风般的速度向山谷下方席卷而去。整个山谷笼罩在浓密的烟雾中,地质学家们因此给它起了个形象的名字"万烟谷"。

# 冻土创造了什么奇迹

2万年的冻虾,居然能够复活,这样的奇事就发生在冻土带。冻土指温度在0℃以下的含冰岩土。冬季冻结、夏季全部融化的叫季节冻土;当冬季冻结的深度大于夏季融化的深度时,冻土层就会常年存在,可达数万年以上,形成多年冻土。多年冻土一般分上、下两层,上层是冬季冻结、夏季融化的活动层;下层是长年结冻的永冻层。冻土广泛分布在高纬地区、极地附近以及低纬高寒山区,占世界陆地总面积的20%以上,这里虽人烟稀少,却隐藏着许许多多鲜为人知的奇观现象。除冻虾复活外,人们还从冻土中挖掘出冷冻已久的水藻和蘑菇,也能繁殖后代。在俄罗斯雅库特的冻土层下,竟然有大片不冻的淡水。地质学家推测,冻土带下可能还蕴藏着固体天然气。冻土下有秘密,冻土表面也有一些奇特的自然景观出现。在我国祁连山冰川外围的冻土地上,人们发现一些神秘的石制图案:大小不等的石块在地面上排列成一些非常规则的几何图形,有的呈多边形空心环状,有的巨大石块旁簇拥着如花瓣样的小碎石,犹如一朵盛开的玫瑰花。曾有人认为这是原始人铺砌的神秘符咒,或是尚未完工的古代建筑遗址。其实,这是大自然在冻土带玩的把戏。这个冻土带在多年的季节气候冷暖变迁中,反复地结冻和解冻,使石块有规律地移动位置,形成了美丽奇妙的图案。冻土能创造奇迹,也会带来灾难。由于温度的周期性冷热变化,冻土活动层中的地下冰及地下水不断交替冻结和解冻,致使土质结构、土层体积发生变化,给人类带来一系列麻烦,如道路翻浆、建筑变形、边坡滑塌等。

所以,人类还须小心提防。

# 奇妙的自然"乐器"是怎么回事

在自然中,有一些很奇特的自然"乐器"。原本普普通通的自然之物会发出各种声音,如同人间的乐器在演奏美妙的乐章,构成了一曲曲动听的"自然音乐"。

### 1.音乐柳

在科特迪瓦生长着一种奇特的柳树,每当微风吹拂,柳枝便发出幽雅的琴声,酷似优美的轻音乐。原来,这种柳树与一般柳树不同,它的叶子结构的纤维组织甚密,微风轻轻拂动,叶片便相互撞击,形成了优美的音响效果。

### 2.音乐花

扎伊尔的蒙湖上有一种巨型荷花。花的基部有四处气孔,气孔内壁覆盖有一层薄膜。微风从气孔中进入,冲击干燥的膜,花便像风笛一样发出一阵阵动听的乐曲,有趣极了。

### 3.音乐河

委内瑞拉东部有一条河,河水被许多奇岩阻隔,分成数百股细流。细流穿过近300米的奇岩层,由于各种岩层缝隙宽窄不一,水速快慢不匀,当细流穿越时,就发出长短不一、高低交错、粗细有别的各种音响,好像一组壮丽的交响曲。

### 4.音乐泉

突尼斯的一口泉会唱歌。泉的出口处是一座空心岩,水流经过岩中这些孔穴时,被分割成无数条细流。细流相互撞击,发出千变万化的声音,如同音乐一般。

### 5.音乐潭

我国广西融水县有自然景观"古鼎龙潭"。1988年1月10日清晨6时,"古鼎龙潭"突然古乐齐鸣,"古道场"的锣鼓声、唢呐声、木鱼声,此起彼伏,交相映衬,奇乐阵阵,越来越响,并富有节奏感,直到夜晚10时,龙潭的鼓乐声才停止。此奇异现象于1953年曾出现过一次,没想到35年后又重演,真叫人不可思议。

### 6.音乐沙

美国夏威夷州西北部的考爱岛中部,有一片海滨沙滩,在长800米、高18米的沙滩上所有的沙子都是由珊瑚、贝类等风化后形成的颗粒组成,微风吹过,便有各种音响自沙滩而起,悦耳动听,颇似雄壮的交响乐。

### 7.音乐石

美国加利福尼亚州的沙漠地带,有一块直指蓝天、雄伟壮观的巨大岩石。每当浓雾笼罩巨石时,此石便会发出引人入胜的声响,仿佛遥远的号角自天穹传来。

### 8.音乐柱

中东埃及有一个叫特本的小镇。镇里有座古老的寺院,寺院内耸立着许多巨大的石柱。其中有一根石柱,每逢晴天,上午9时便会奏起怪异的乐声。原来石柱中有一个巨大空洞,晴天得到太阳照晒,空气在石柱内受热膨胀,由小缝隙向外挤动,产生奏鸣。

# 世界上都有哪些奇岛

浩瀚无际的大海,拥抱着20多万个星罗棋布的岛屿,其中有不少岛屿充满着奇情异趣,还有一些岛屿神秘莫测,令人惊叹。

## 1. 旅行岛

在加拿大东南的大西洋中,有个叫塞布尔的岛,能像人一样"旅行",不断移动位置,而且速度很快。每当洋面大风发作,它就会像帆船一样乘风前进。该岛呈月牙形,东西长40千米,南北宽1.6千米,面积约80平方千米。近年来,小岛已经背离大陆方向向东"旅行"了20千米,平均每年移动达100米。塞布尔岛还是世界上最危险的"沉船之岛"。历史上在这里沉没的海船共达500多艘。因此,这里的海域被人们称为"大西洋的墓地""毁船的屠刀""魔影的鬼岛"等,令人望而生畏。在南半球的南极海域,也有一个"旅行岛",叫布维岛。这个面积58平方千米的小岛,不受风浪影响,能自动行走。1793年,法国探险家布维第一个发现此岛,并测定了它的准确位置。谁知,经过100多年,当挪威考察队再登上此岛时,它的位置竟西移了2.5千米。究竟是什么力量促使它"离家出走"的呢?目前尚不得而知。

## 2. 分合岛

在太平洋中,有一个神奇小岛,能分能合。到一定时候,它就会自行分离成两个小岛,再过一定时间,它又会自动连接起来,合成原来模样。其分合时间没有规律,少则一二天,多则三四天。分开时,两部分相距4米左右,合拢时两部分又严密无缝,成为一个整体。科学家们认为,这个小岛早已

断裂,地理位置又很不固定,经常迁移,因此产生了这种时分时合的怪异现象。

### 3.沉浮岛

北冰洋中的斯匹次卑尔根群岛是一群沉浮岛,它们有时候沉入水中,不见一点踪影,有时候又高高露出水面。波兰的科学家们在考察中发现群岛上有几千年前海岸线的遗迹,它位于海拔100米的高处;同时发现了群岛沉没的痕迹。波兰科学家经过研究认为,斯匹次卑尔根群岛的垂直运动可能不是始终如一的,很可能是大冰川期,沉重的冰帽将群岛"压"到了海洋深处,水暖冰化时,群岛便开始浮升到洋面上来了。

### 4.啼哭岛

在太平洋中,有一个方圆不过几千米的小荒岛,无论白天黑夜,都会发出哭哭啼啼的声音,有时像众人哀嚎,有时像鸟兽悲鸣,令人听了不寒而栗,或者为之伤心落泪。有人猜疑,那是遇难者阴魂不散,聚集在一起,向过往行人哭诉呢!

### 5.死神岛

在加拿大东岸,有一个荒凉孤岛叫世百尔岛。岛上草不生,鸟不歇,没有任何动物和植物,只有坚硬无比的青石。每当海轮驶近小岛时,船上的指南针便会失灵,甚至整只船会不由自主地向小岛撞去,最后葬身海底。航海家们对该岛望而生畏,称之为"死神岛"。据地质学家考察发现,这个小岛含有大量磁铁矿,在岛周围产生强大的磁场,造成仪表失灵、海轮沉没。

### 6.火岛

芬兰附近海面有一个名叫晋朗格尼的小岛,岛上的岩石孔隙间经常燃起熊熊烈火,因此人们称其为火岛。经科学家们考察后,揭开了小岛燃火的秘密。原来,小岛周围的海水中,生长着茂盛的海草,巨大的海浪将海草抛上小岛,时间一久,这些草便在阴湿的泥土中腐化而产生燃点很低的甲烷气体。气体从岩石孔隙中冒出来,一旦接触到火种,便会燃烧起来。

### 7.幽灵岛

1831年7月10日,位于南太平洋的汤加王国西部海域中,由于海底火山爆发而突然出现了一个奇异的小岛。随着火山的不断喷发,逐渐形成一座高60多米、方圆近5千米的岛屿。然而,仅仅过了几个月,人们正在谈论它,并有所打算时,该岛却像幽灵一样消失了。但是过了几年,人们对它已经忘得一干二净时,它却又神秘地出现了。据史料记载,1890年,它高出海面49米,1898年,它沉入水下7米;1967年12月,它又冒出海面,1968年再次沉入水中。就这样,它多次出现,多次消失。1979年6月,该岛又从海上长了出来。据科学家们预测,如果今后火山不再喷发,该岛仍然可能沉没、消失。由于该岛时隐时现,神秘莫测,人们称之为"幽灵岛"。在日本宫古岛西北20千米的海面上,也有一个类似的小岛,一年当中只有潮水变化最大的一天,它才肯露出海面,但仅仅3个小时左右,它又潜入水中,无影无踪。

### 8.尘土岛

人们看见过或听说过飞沙堆积成的山丘,但恐怕很少有人知道世界上还有尘土堆积成的海岛。马里大学威廉斯·佐勒博士等科学家,通过对夏威夷岛的土壤分析和气象研究,发表了一个令人吃惊的论点:夏威夷岛的大部分是由中国吹来的尘埃所形成的。这位博士解释说,在中国,每年的

春天是风暴频繁的季节,大量的尘埃被驱扫出中国的大沙漠,它们在空中形成宽达数百英里的浓云。这个巨大的沙云,被劲风吹越过北太平洋到达阿拉斯加海湾,而后向南移动,最后朝东落到夏威夷附近,年复一年的积累,便形成了这个岛屿。

### 9.肥皂岛

在希腊爱琴海上,有一个名叫阿罗丝安塔利亚的小岛,岛上泥土含有强烈的碱性,可以当作肥皂使用。因此,人们称它为"肥皂岛"。每当暴雨倾盆而下时,整个岛屿都淹没在奇妙的肥皂泡沫里。据说,岛上居民从来不花钱买肥皂,洗衣洗物或洗澡时,随手抓一块泥土来擦擦,便会产生许多肥皂泡沫,洗涤掉各种污垢,其作用不亚于肥皂。

### 10.盐岛

波斯湾有一个奥尔穆兹岛,周长为30千米,整个小岛由食盐堆积而成,高出海面90米,洁白的食盐在阳光下闪闪发光,人们称它为"美丽的盐岛"。贝鲁西亚湾的欧鲁姆斯岛,是一座高90米、周长26千米的盐块岛。它是在史前时代由海底隆起的。但在这个又硬又贫瘠的土地上,什么东西也长不出来,连泉水也因含有大量的盐分而无法饮用。

### 11.浮岛

在中南半岛上的缅甸莱湖中,大量的腐草和泥土经历漫长的岁月而逐渐垒结,形成一些面积较大的浮岛。人们在这些浮岛上面盖房居住,种植庄稼,和陆地一模一样。多瑙河从罗马尼亚东部流入黑海,三角洲地区盛产芦苇。这些芦苇和泥土经多年垒结形成一些浮岛。每当大雨滂沱、水面上涨时,这些岛屿就会缓缓浮动,蔚为奇观。

### 12.美容岛

意大利南部有一个巴尔卡洛岛,很早以前,由于岛上经常火山爆发,熔岩流到山下形成泥浆,存积在几十个池子里,这些泥浆能洁白和滋润肌肤,治疗妇女的腰痛病,甚至还能减肥。因此,该岛获得"天然美容岛"之称。由于巴尔卡洛岛具有美容的功能,因此吸引了国内外成千上万的爱美者。每年夏天,这个岛上的十几个泥浆池里,挤满了各地来的人们,男男女女,老老少少,身穿泳装,在泥浆里滚来爬去,或者尽情涂抹,或者嬉戏作乐,然后用清水冲洗干净。

# 我国黄土为什么分布那么广泛

我国是黄土分布最广的一个国家。黄土,色黄褐,实际是颗粒均匀的、砂粉质的黄色尘土物质,一般由易溶解的盐类和钙质结构组成,比较松散,遇水后极易崩解。我国大西北的黄土高原即由黄土构成。它厚80～120米,最大厚度可达180～200米,覆盖面积63万平方千米,堪称世界之最。这厚厚的黄土来自何处?有些科学家认为它们是风成的,它的原籍在新疆、宁夏北部、内蒙古乃至远在中亚的大片沙漠。荒漠上干燥气候的机械风化,使顽石崩裂成无数细小石粒,这些大量细小的沙粒,在强大的反气旋、猛风吹扬下,腾云驾雾,万里迢迢来到我国黄河流域一带沉积下来,久而久之,就堆成一片黄土高原。人们发现,黄土的颗粒越往西越粗,这也是风成的一个证据。这一学说还有许多佐证,首先是历史事实,据前汉书记载:公元前32年(汉帝建始元年)4月"。无独有偶,历史在近年来重演了,1984年4月26日,陕西关中地区天色骤然昏暗,空中黄尘纷纷扬扬地飘落,西安市蓝天丽日不见了,街道上汽车得亮着大灯慢慢行车。原来,这场罕见的黄风暴源自南疆,途经甘肃、宁夏,一路上裹挟着大量黄土尘埃呼啸而来,最后在陕西降落。这又给黄土是风成的,黄土来自新疆、中亚的见解提

供了一个证据。然而,不少科学家经过细心考察,否定了黄土是风成的说法。理由有二:一是黄土的分布高度有一极限(高度各地不一),超过这一高度,黄土就不再出现了,这就否定了黄土是风带来、由天上落下的假说;二是人们发现黄土层的底部有一砾石层,而这浑圆的砾石层却是典型的河流沉积物。于是这些科学家认为:黄土是水成的。黄土的原籍在黄河的上源。此外,对黄土的成因还有各种看法:一种认为黄土既不是风成的,也不是水成的,它的"原籍"就在本地,是"土生土长"的。一种认为,黄土既来自西北、中亚,由大风刮来;又有源源不绝的河流挟带而来的;还有本地土生土长的基岩上风化的,它是3种作用共同形成的。至今对于黄土的原籍何在? 仍然争论不休。

# 巨菜谷里的植物为什么如此高大

在美国阿拉斯加州安哥罗东北部的麦坦纳加山谷和俄罗斯濒临太平洋的萨哈林岛(库页岛)上,蔬菜能长得异常硕大,土豆如篮球,白萝卜20多千克一个,红萝卜直径约20厘米,长约35厘米,卷心菜重达30千克,牧草可以没骑马者的头顶,豌豆和大豆会长到2米高。因此,这两个地方被人们称为巨菜谷。

据考察研究,这些巨大的植物并不是与众不同的特殊品种,而是普通的植物。实验还证明,来自外地的植物,只要经过几代的繁衍,在这里都会变得出奇的高大。而这里的植物移往他处,不出2年就退化和普通植物一样。

为什么这两个地方的植物会如此高大? 有的人认为这两个地方都处于高纬度,夏季日照时间长。然而,位于相同纬度的其他地方并未见有如此高大的植物。又有人认为是悬殊的昼夜温差在起作用,但这同样无法说明类似气候条件的其他地方为什么与这两地不同。也有人认为是富饶的土质或是土中有什么特别的刺激生长的物质起作用,但化验却提供不出可以说明这里土质特别优良的资料。还有人认为起作用的是上述各种条件的综合。类似纬度的其他地方由于不具备如此巧合的几方面条件,所以不会生长这种高大的植物。但是,这又无法说明为什么萨哈林乔麦在欧洲第一年可以照样长得巨大。最近有人注意到有一种寄生在植物幼芽上的细菌会分泌一种赤霉素,这种植物激素具有促使植物神速生长的奇效。因此,他们认为该两地巨型植物的出现,可能是某种适宜于该地生长的微生物的功劳。但究竟是一种什么微生物,目前也还没有查清。

# 为什么大自然会有那么多神奇的万籁之声

大千世界无奇不有。也许你早就听说过响山、回音谷、耳语洞、琴石、音乐泉等大自然的音响圣地,然而,你知道为何会有这种万籁之声吗? 其实,这也是科学家们所感兴趣的问题。

经过多年的观察和研究,有些音响圣地的发音机制已被探明,如漂浮在哈苏埃尔岛附近的冰山能发出像风琴演奏的乐声,是因为那座冰山上分布着一条条宽大的裂缝,从印度洋不断涌来滔滔波浪使冰山四周的水位忽高忽低。当水位下降时,大量空气进入裂缝,而当水位上升时,空气又被海水迅速排挤出来。空气穿过裂缝的一进一出产生振动,于是便发出了清脆悦耳的风琴声。又如我国河北青龙响山,也是因为它的岩隙罅穴格外发育,加之诸峰对响山成合围之势,所以阴雨大风季节,人们就能听到如大自然管弦乐队合奏般的微妙的和声效应。

然而,并非所有的万籁之声都能像上面的例子那样得以解释,至今仍有许多"音石""响山"的发音机制在困惑着人们。

在美国加利福尼亚州的沙漠地带有一块巨石,足有几间屋子那么大,居住在附近的印第安人常常在明月高悬的夜晚来到这里,点起一堆堆篝火,那滚滚浓烟笼罩着的巨石竟会发出阵阵迷人的乐声,忽而委婉动听,犹如抒情小夜曲,忽而又传来哀怨低沉的悲歌。当地的印第安人把这块巨石尊崇为"神石"而顶礼膜拜。但迄今为止,人们仍然不知道:为什么这块巨石只有在宁静的月夜,并被浓烟笼罩时,才能发出悠扬的乐声?这块石头究竟包藏着什么秘密?这还有待于科学家们进一步研究探讨。

在美国佐治亚州有一片"发声岩石"的异常地带。拿小锤敲击这里的石头,无论大石、小石或碎片,都会发出悦耳的声音,和谐清脆。可是把这里的石头搬到别的地方去敲打,不管怎样敲,只有沉闷声,与普通石头一般无二。

为什么石头放在异常带就能发声,挪动位置就失声呢?有人分析这是个地磁异常带,存在着某种干扰场源,岩石在辐射波的作用下,敲击时会受

到谐振，于是发出声音来。然而这仅仅是一种推测，还没有得以充分的证实。

在意大利西西里岛有个叫"狄阿尼西亚士的耳朵"的山洞。关于它有这样一个传说：古代一个名叫狄阿尼西亚士的暴君，手段残忍，选了这个山洞监禁政治犯，狱卒伏于洞顶，用耳朵监视犯人的一举一动。犯人间的交谈、对统治者的不满言论、筹划中的越狱行动，一字一句都传到狄阿尼西亚士那里去。许多义士因此惨遭杀害。后来，犯人只敢细声耳语，但仍被狱卒听去。犯人们终于明白，囚洞处处有耳朵。

这个奇特的山洞从洞顶到洞底深40米，人在洞顶贴耳俯壁细听，可听到洞底人的呼吸声，更何况是人的喃喃耳语了。

# 为什么会存在"会唱歌的沙子"

爱格岛位于苏格兰西边，岛上荒凉多石，有个沙滩乍看与其他沙滩无异，亲临其上则令人惊奇不已：只要踩到或碰到沙滩上的白沙，沙子就会发出悦耳的声音。

这些沙确实会唱歌，而且不止发出一个音。沙子从指缝慢慢漏下来，会发出音域宽广的乐音，自高音区到低音区都有。

"会唱歌的沙子"无疑很神奇，经常有人加以探究。科学家相信，这种天然乐音发自沙子本身的结构。

这些沙由微小的石英颗粒组成，每一颗都被海水冲刷成圆卵形，外面包着一个小小的气囊。沙粒与空气摩擦时，引起振动，就发出乐音。

乐音高低以压力的大小和大气的浓度而定。沙中绝对不能杂有尘埃或其他异物，否则就不会发声。实验证明，沙中只要掺进一点点面粉，就无法产生振动。

沙会唱歌或鸣沙的地方，除苏格兰爱格岛外，还有中国敦煌鸣沙山、宁夏沙坡头和内蒙古的响沙湾等。这种现象已引起无数科学家的兴趣。

# 灾害篇

## 雪下多了会引起什么灾难

### 1.雪崩

积雪的山坡上,当积雪内部的内聚力抗拒不了它所受到的重力拉引时,便向下滑动,引起大量雪体崩塌,人们把这种自然现象称做作崩。雪崩是一种所有雪山都会有的地表冰雪迁移过程,它们不停地从山体高处借重力作用顺山坡向山下崩塌,崩塌时速度可以达20~30米/秒,随着雪体的不断下降,速度也会突飞猛涨,一般12级的风速度为20米/秒,而雪崩将达到97米/秒,速度可谓极大。它具有突然性、运动速度快、破坏力大等特点。它能摧毁大片森林、房舍、交通线路、通信设施和车辆,甚至能堵截河流,发生临时性的涨水。同时,它还能引起山体滑坡、山崩和泥石流等可怕的自然现象。因此,雪崩被人们列为积雪山区的一种严重自然灾害。雪崩常常发生于山地,有些雪崩是在特大雪暴中产生的,但常见的是发生在积雪堆积过厚,超过了山坡面的摩擦阻力时。雪崩的原因之一是在雪堆下面缓慢地形成了深部"白霜",这是一种冰的六角形杯状晶体,与我们通常所见的冰渣相似。这种白霜的形成是因为雪粒的蒸发所造成的,它们比上部的积雪要松散得多,在地面或下部积雪与上层积雪之间形成一个软弱带,当上部积雪开始顺山坡向下滑动时,这个软弱带起着润滑的作用,不仅加速雪下滑的速度,而且还带动周围没有滑动的积雪。

## 2.风吹雪

大风挟带雪运行的自然现象,又称风雪流。积雪在风力作用下,形成一股股挟带着雪的气流,粒雪贴近地面随风飘逸,被称为低吹雪;大风吹袭时,积雪在原野上飘舞而起,出现雪雾弥漫、吹雪遮天的景象,被称为高吹雪;积雪伴随狂风起舞,急骤的风雪弥漫天空,使人难以辨清方向,甚至把人刮倒卷走,称为暴风雪。风吹雪灾害危及工农业生产和人身安全。风吹雪对农区造成的灾害,主要是将农田和牧场大量积雪搬运他地,使大片需要积雪储存水分、保护农作物墒情的农田、牧场裸露,农作物及草地受到冻害;风吹雪在牧区造成的灾害主要是淹没草场、压塌房屋、袭击羊群、引起人畜伤亡,对公路也造成危害。

### 3.牧区雪灾

牧区雪灾亦称白灾,是因长时间大量降雪造成牧区大范围积雪成灾的自然现象。它是中国牧区常发生的一种畜牧气象灾害,主要是指依靠天然草场放牧的畜牧业地区,由于冬半年降雪量过多和积雪过厚,雪层维持时间长,影响正常放牧活动的一种灾害。对畜牧业的危害,主要是积雪掩盖草场,且超过一定深度,有的积雪虽不深,但密度较大,或者雪面覆冰形成冰壳,牲畜难以扒开雪层吃草而饥饿。有时冰壳还易划破羊和马的蹄腕,造成冻伤,致使牲畜瘦弱,常常造成牧畜流产,仔畜成活率低,老弱幼畜饥寒交迫,死亡增多。同时还严重影响甚至破坏交通、通信、输电线路等生命线工程,对牧民的生命安全和生活造成威胁。雪灾主要发生在稳定积雪地区和不稳定积雪山区,偶尔出现在瞬时积雪地区。中国牧区的雪灾主要发生在内蒙古草原、西北和青藏高原的部分地区。

### 4.积雪

根据积雪稳定程度,将我国积雪分为5种类型:

(1)永久积雪。在雪平衡线以上降雪积累量大于当年消融量,积雪终年不化。

(2)稳定积雪(连续积雪)。空间分布和积雪时间(60天以上)都比较连续的季节性积雪。

(3)不稳定积雪(不连续积雪)。虽然每年都有降雪,而且气温较低,但在空间上积雪不连续,多呈斑状分布,在时间上积雪日数10~60天,且时断时续。

(4)瞬间积雪。主要发生在华南、西南地区,这些地区平均气温较高,但在季风特别强盛的年份,因寒潮或强冷空气侵袭,发生大范围降雪,但很快消融,使地表出现短时(一般不超过10天)积雪。

(5)无积雪。除个别海拔高的山岭外,多年无降雪。雪灾主要发生在稳定积雪地区和不稳定积雪山区,偶尔出现在瞬间积雪地区。

# 寒潮是怎么形成的

寒潮是冬季的一种灾害性天气,人们习惯把寒潮称为寒流。所谓寒潮,就是北方的冷空气大规模地向南侵袭我国,造成大范围急剧降温和偏北大风的天气过程。寒潮一般多发生在秋末、冬季、初春时节。我国气象部门规定:冷空气侵入造成的降温,一天内达到10℃以下,而且最低气温在5℃以下,则称此冷空气爆发过程为一次寒潮过程。可见,并不是每一次冷空气南下都称为寒潮。

在北极地区由于太阳光照弱,地面和大气获得热量少,常年冰天雪地。到了冬天,太阳光的直射位置越过赤道,到达南半球,北极地区的寒冷程度更加增强,范围扩大,气温一般都在-40～-50℃以下。范围很大的冷气团聚集到一定程度,在适宜的高空大气环流作用下,就会大规模向南入侵,形成寒潮天气。

寒潮和强冷空气通常带来的大风、降温天气,是我国冬半年主要的灾害性天气。寒潮大风对沿海地区威胁很大,如1969年4月21～25日那次的

寒潮,强风袭击渤海、黄海以及河北、山东、河南等省,陆地风力7~8级,海上风力8~10级。此时正值天文大潮,寒潮爆发造成了渤海湾、莱洲湾几十年来罕见的风暴潮。在山东北岸一带,海水上涨了3米以上,冲毁海堤50多千米,海水倒灌30~40千米。

寒潮带来的雨雪和冰冻天气对交通运输危害不小。如1987年11月下旬的一次寒潮过程,使哈尔滨、沈阳、北京、乌鲁木齐等铁路局所管辖的不少车站道岔冻结,铁轨被雪埋,通信信号失灵,列车运行受阻。雨雪过后,道路结冰打滑,交通事故明显上升。寒潮袭来对人体健康危害很大,大风降温天气容易引发感冒、气管炎、冠心病、肺心病、中风、哮喘、心肌梗死、心绞痛、偏头痛等疾病,有时还会使患者的病情加重。

很少被人提起的是,寒潮也有有益的影响。地理学家的研究分析表明,寒潮有助于地球表面热量交换。随着纬度增高,地球接收太阳辐射能量逐渐减弱,因此地球形成热带、温带和寒带。寒潮携带大量冷空气向热带倾泻,使地面热量进行大规模交换,这非常有助于自然界的生态保持平衡,保持物种的繁茂。

气象学家认为,寒潮是风调雨顺的保障。我国受季风影响,冬天气候干旱,为枯水期。但每当寒潮南侵时,常会带来大范围的雨雪天气,缓解了冬天的旱情,使农作物受益。"瑞雪兆丰年"这句农谚为什么能在民间千古流传? 这是因为雪水中的氮化物含量高,是普通水的5倍以上,可使土壤中氮素大幅度提高。雪水还能加速土壤有机物质分解,从而增加土中有机肥料。大雪覆盖在越冬农作物上,就像棉被一样起到抗寒保温作用。

有道是"寒冬不寒,来年不丰",这同样有其科学道理。农作物病虫害防治专家认为,寒潮带来的低温,是目前最有效的天然"杀虫剂",可大量杀死潜伏在土中过冬的害虫和病菌,或抑制其滋生,减轻来年的病虫害。据各地农技站调查数据显示,凡大雪封冬之年,可节省农药60%以上。

寒潮还可带来风资源。科学家认为,风是一种无污染的宝贵动力资源。举世瞩目的日本宫古岛风能发电站,寒潮期的发电效率是平时的1.5倍。

# 什么是风灾

气象上称6级(12米/秒)或以上的风为大风。长时间的大风会使土壤风蚀、沙化,对作物和树木产生机械损害,造成倒伏、折断、落粒、落果及传播植物病虫害等,严重地破坏各种设施,输送污染物等,大大影响人民的正常生产、生活。

# 什么是干热风灾

干热风是我国北方小麦产区在小麦扬花灌浆期间易出现的一种高温低湿并伴有一定风力的天气。在我国群众中的叫法很多,如黄淮海地区称它为"火风""旱风""烧风";河套,宁夏、甘肃河西走廊等地称为"热干风""热东风""火扑";新疆则叫"干旱风""热风"等。一次干热风天气过程的前后,空气温度、湿度有明显的突变,能在短时间内给农作物带来危害。它是北方麦区小麦生育后期的一种主要灾害性天气,它危害面积较大,发生频率也较高,导致减产显著,轻者减产5%～10%,重者减产10%～20%,甚至可达30%以上。例如1964年北方冬麦区春季阴雨,冬小麦生长不良,锈病严重,抗逆性差,5月下旬至6月上旬出现干热风天气,河南、陕西关中、皖

北及江苏徐淮地区等地平均减产达35%左右。

根据干热风气象要素组合对小麦的影响和危害的不同,我国干热风主要有以下三种类型。

### 1.高温低湿型

这是干热风的主要天气过程,其发生时温度猛升,空气湿度剧降。这种高温低湿天气使小麦干尖呈灰白色或青灰色,造成小麦大面积干枯逼熟死亡,对产量影响很大。一般认为高温低湿型干热风指标为:当日最高气温≥35℃,14时相对湿度≤25%和14时风速≥3米/秒时,为重干热风日;日最高气温≥32℃,14时相对湿度≤30%和14时风速≥2米/秒时,为轻干热风日。但冬春麦区的小麦生态型气候特征等不同,干热风指标也略有地区差别。

### 2.雨后热枯型

又称雨后青枯型或雨后枯熟型。一般发生于乳熟后期,即小麦成熟前10天左右。其特征是雨后出现高温低湿天气,造成小麦青枯死亡。这类干热风发生区域虽不及高温低湿型广泛,但所造成的危害却比前者更加严重,一般可使千粒重下降4~5克以上,减产10%~20%以上。

### 3.旱风型

又称热风型,其特点是风速大,与一定的高温低湿配合,对小麦的危害除与高温低湿型相同外,大风还加强了大气的干燥程度,促进了农田蒸发,使麦叶卷缩,叶片撕裂破碎。此类型主要发生在新疆地区和黄土高原的多风地区,往往在干旱的年份出现。

干热风危害地区受地形和下垫面的影响甚大。随海拔升高而减轻,危害区最高不超过拔海为1700～1800米的地区,黄淮海麦区出现在河北南宫县至河南郑州市一线,为一条东北—西南带状分布的重干热风区,走向与太行山系基本一致,这主要与受太行山的地势引起增温作用有关,形成冀南、豫东、豫北、鲁西和鲁西北等重干热风区。汾河谷地也因地形的作用,形成以临汾、侯马为中心的重干热风区。陕西关中平原干热风次于汾河谷地。宁夏平原和内蒙古的河套地区,除磴口县较重外,为轻干热风区。甘肃河西走廊受祁连山和沙漠的影响,形成敦煌、安西盆地重干热风区。新疆吐鲁番盆地为干热风特重区;塔里木盆地以若羌为中心,向盆地四周和沙漠边缘减轻;准噶尔盆地以莫索湾为中心向四周减轻。

干热风的出现时间随各年大气环流特点差异而不同,其危害又与小麦所处的发育期(扬花、灌浆、乳熟的日期)有关。北方麦区干热风出现的时间由东南向西北推迟,华北平原、汾渭谷地在5月下旬末到6月上旬,宁夏平原、内蒙古河套地区7月上旬、中旬,河西走廊在6月上旬至7月中旬,新疆南部在5月中旬到6月中旬,新疆北部在6月中旬到7月中旬。

# 黑风有什么危害

黑风的危害主要有两方面,一是风,二是沙。

大风的危害也有两方面:一是风力破坏,二是刮蚀地皮。

先说风力破坏。大风破坏建筑物,吹倒或拔起树木、电杆,撕毁农民塑

料温室大棚和农田地膜等。此外，由于西北地区四五月正是瓜果、蔬菜、甜菜、棉花等经济作物出苗，生长子叶或真叶期和果树开花期，此时最不耐风吹沙打。轻则叶片蒙尘，使光合作用减弱，且影响呼吸，降低作物的产量；重则苗死花落，那就更谈不上成熟结果了。例如，1993年5月5日的黑风，使西北地区8.5万株果木花蕊被打落，10.94万株防护林和用材林折断或连根拔起。此外，大风刮倒电杆造成停水停电，影响工农业生产。1993年5月5日黑风造成的停电停水，仅金昌市金川公司一家就造成经济损失8300万元。

　　大风作用于干旱地区疏松的土壤时会将表土刮去一层，叫作风蚀。例如1993年5月5日黑风平均风蚀深度10厘米(最多50厘米)，也就是每亩地平均有60~70立方米的肥沃表土被风刮走。其实大风不仅刮走土壤中细小的黏土和有机质，而且还把带来的沙子积在土壤中，使土壤肥力大为降低。此外大风夹沙粒还会把建筑物和作物表面磨去一层，叫做作磨蚀，也是一种灾害。

　　沙的危害主要是沙埋。前面说过，狭管、迎风和隆起等地形下，因为风速大，风沙危害主要是风蚀，而在背风凹洼等风速较小的地形下，风沙危害

主要便是沙埋了。例如,1993年5月5日黑风中发生沙埋的地方,沙埋厚度平均20厘米,最厚处达到了1.2米。

此外更重要的是,人的生命和经济损失。例如1993年5月5日黑风中共死亡85人,伤264人,失踪31人。此外,死亡和丢失大牲畜12万头,农作物受灾560万亩,沙埋干旱地区的生命线水渠总长2000多千米,兰新铁路停运31小时。总经济损失超过5.4亿元。

# 台风是如何形成的

台风(或飓风)是产生于热带洋面上的一种强烈热带气旋。只是随着发生地点不同,叫法不同。印度洋和在北太平洋西部、国际日期变更线以西,包括南中国海范围内发生的热带气旋称为台风;而在大西洋或北太平洋东部的热带气旋则称飓风。也就是说,台风在欧洲、北美一带称飓风,在东亚、东南亚一带称为台风,在孟加拉湾地区被称作气旋性风暴,在南半球则称气旋。

台风经过时常伴随着大风和暴雨或特大暴雨等强对流天气。风向在北半球地区呈逆时针方向旋转(在南半球则为顺时针方向)。在气象图上,台风的等压线和等温线近似为一组同心圆。台风中心为低压中心,以气流的垂直运动为主,风平浪静,天气晴朗;台风眼附近为涡风雨区,风大雨大。

热带海面受太阳直射而使海水温度升高,海水蒸发提供了充足的水汽。而水汽在抬升中发生凝结,释放大量潜热,促使对流运动的进一步发展,令海平面处气压下降,造成周围的暖湿空气流入补充,然后再抬升。如此循环,形成正反馈,即第二类条件不稳定机制。在条件合适的广阔海面上,循环的影响范围将不断扩大,可达数百至上千千米。

地球由西向东高速自转,致使气流柱和地球表面产生摩擦,由于越接近赤道摩擦力越强,这就引导气流柱逆时针旋转(南半球系顺时针旋转),由于地球自转的速度快而气流柱跟不上地球自转的速度而形成感觉上的西行,这就形成我们现在说的台风和台风路径。

从台风结构看到,如此巨大的庞然大物,其产生必须具备特有的条件:

第一,要有广阔的高温、高湿的大气。热带洋面上的底层大气的温度和湿度主要决于海面水温,台风只能形成于海温高于 $26 \sim 27$℃ 的暖洋面上,而且在 60 米深度内的海水水温都要高于 $26 \sim 27$℃。

第二,要有低层大气向中心辐合、高层向外扩散的初始扰动。而且高层辐散必须超过低层辐合,才能维持足够的上升气流,低层扰动才能不断加强。

第三,垂直方向风速不能相差太大,上下层空气相对运动很小,才能使初始扰动中水汽凝结所释放的潜热能集中保存在台风眼区的空气柱中,形成并加强台风暖中心结构。

第四,要有足够大的地转偏向力作用,地球自转作用有利于气旋性涡旋的生成。地转偏向力在赤道附近接近于零,向南北两极增大,台风基本发生在大约离赤道5个纬度以上的洋面上。

# 为什么称洪水为"自然界的头号杀手"

洪水通常是指由暴雨、急骤融冰化雪、风暴潮等自然因素引起的江河湖海水量迅速增加或水位迅猛上涨的水流现象。自然界的头号杀手,地球最可怕的力量就是洪水。

洪水是河、湖、海、江所含的水位上涨,超过常规水位的水流现象。洪水常威胁沿河、滨湖、近海地区人民的生命和财产安全,甚至造成淹没灾害。自古以来洪水给人类带来很多灾难,如黄河和恒河下游常泛滥成灾,造成重大损失。但有的河流洪水也给人类带来一些利益,如尼罗河洪水定期泛滥,给下游三角洲平原农田淤积肥沃的泥沙,有利于农业生产。

洪水是一个十分复杂的灾害系统,因为它的诱发因素极为广泛,水系泛滥、风暴、地震、火山爆发、海啸等都可以引发洪水,甚至人为的也可以造成洪水泛滥。在各种自然灾难中,洪水造成死亡的人口占全部因自然灾难死亡人口的75%,经济损失占到的40%。更加严重的是,洪水总是在人口稠密、农业垦殖度高、江河湖泊集中、降雨充沛的地方,如北半球暖温带、亚热带。中国、孟加拉国是世界上水灾最频繁、肆虐的地方,美国、日本、印度和欧洲水灾也较严重。

20世纪中国死亡人数超过10万的水灾多数发生在这里,1931年长江发生重大洪水,淹没7省205县,受灾人口达2860万人,死亡14.5万人,随之而来的饥饿、瘟疫致使300万人惨死。而号称"黄河之水天上来"的中华母亲河黄河,曾在历史上决口1500次,重大改道26次,淹死数百万人。中国甚至在1642年和1938年发生了两次人为的黄河决口,分别淹死34万人和89万人。

1998年中国的"世纪洪水",在中国大地到处肆虐,29个省受灾,农田受灾面积3.18亿亩,成灾面积1.96亿亩,受灾人口2.23亿人,死亡3000多人,房屋倒塌497万间,经济损失达1666亿元。

在孟加拉国,1944年发生特大洪水,淹死、饿死300万人,震惊世界。连续的暴雨使恒河水位暴涨,将孟加拉国一半以上的国土淹没。孟加拉国一直洪灾不断。1988年再次发生骇人洪水,淹没1/3以上的国土,使3000万人无家可归。洪水使这个国家成为全世界最贫穷的国家之一。

# 为什么会出现山洪灾害

山洪灾害是指由山洪暴发而给人类社会系统所带来的危害,包括溪河洪水泛滥、泥石流、山体滑坡等造成的人员伤亡、财产损失、基础设施损坏以及环境资源破坏等。

山洪灾害的种类主要有:

(1)溪河洪水。暴雨引起山区溪河洪水迅速上涨,是山洪中最为常见的表现形式。由于溪河洪水具有突发性、水量集中、破坏力大等特点,常冲毁房屋、田地、道路和桥梁,甚至可能导致水库、山塘溃决,造成人身伤亡和财产损失,危害很大。

(2)滑坡。土体、岩块或斜坡上的物质在重力作用下沿滑动面发生整体滑动形成滑坡。滑坡发生时,会使山体、植被和建筑物失去原有的面貌,可能造成严重的人员伤亡和财产损失。

（3）泥石流。山区沟谷中暴雨汇集形成洪水、挟带大量泥沙石块成为泥石流。泥石流具有暴发突然、来势迅猛、动量大的特点，并兼有滑坡和洪水破坏的双重作用，其危害程度往往比单一的滑坡和洪水的危害更为广泛和严重。

山洪灾害发生的主要因素有三个方面：

（1）地质地貌因素。山洪灾害易发地区的地形往往是山高、坡陡、谷深，切割深度大，侵蚀沟谷发育，其地质大部分是渗透强度不大的土壤，如紫色砂页岩、泥质岩、红砂岩、板页岩发育而成的抗蚀性较弱的土壤，遇水易软化、易崩解，极有利于强降雨后地表径流迅速汇集，一遇到较强的地表径流冲击时，就会形成山洪灾害。

（2）人类活动因素。山区过度开发土地，或者陡坡开荒，或工程建设对山体造成破坏，改变地形、地貌，破坏天然植被，乱砍滥伐森林，失去水源涵养作用，均易发生山洪。由于人类活动造成河道的不断被侵占，河道严重淤塞，河道的泄洪能力降低，也是山洪灾害形成的重要因素之一。

（3）气象水文因素。副热带高压的北跳南移，西风带环流的南侵北退以及东南季风与西南季风的辐合交汇，形成了山丘区不稳定的气候系统，往往造成持续或集中的高强度降雨。气温升高导致冰雪融化加快或因拦

洪工程设施溃决而形成洪水。据统计,发生山洪灾害主要是由于受灾地区前期降雨持续偏多,使土壤水分饱和,地表松动,遇局部地区短时强降雨后,降雨迅速汇聚成地表径流而引发溪沟水位暴涨、泥石流、崩塌、山体滑坡。从整体发生、发展的物理过程可知,发生山洪灾害主要还是持续的降雨和短时强降雨而引发的。

## 沙尘暴会给我们带来哪些危害

　　沙尘暴是沙暴和尘暴两者兼有的总称,是指强风把地面大量沙尘物质吹起卷入空中,使空气特别混浊,水平能见度小于1千米的严重风沙天气现象。其中,沙暴系指大风把大量沙粒吹入近地层所形成的挟沙风暴;尘暴则是大风把大量尘埃及其他细粒物质卷入高空所形成的风暴。

　　沙尘暴天气主要发生在春末夏初季节,这是由于冬春季干旱区降水甚少,地表异常干燥松散,抗风蚀能力很弱,在有大风刮过时,就会将大量沙尘卷入空中,形成沙尘暴天气。

从全球范围来看,沙尘暴天气多发生在内陆沙漠地区,源地主要有非洲的撒哈拉沙漠,北美中西部和澳大利亚也是沙尘暴天气的源地之一。1933~1937年由于严重干旱,在北美中西部就产生过著名的碗状沙尘暴。亚洲沙尘暴活动中心主要在约旦沙漠、巴格达与海湾北部沿岸之间的下美索不达米亚、阿巴斯附近的伊朗南部海滨,稗路支到阿富汗北部的平原地带。中亚地区哈萨克斯坦、乌兹别克斯坦及土库曼斯坦都是沙尘暴频繁(≥15次/年)影响区,但其中心在里海与咸海之间沙质平原及阿姆河一带。

沙尘暴的主要危害有:

(1)强风。挟带细沙粉尘的强风摧毁建筑物及公用设施,造成人畜伤亡。

(2)沙埋。以风沙流的方式造成农田、渠道、村舍、铁路、草场等被大量流沙掩埋,尤其是对交通运输造成严重威胁。

(3)土壤风蚀。每次沙尘暴的沙尘源和影响区都会受到不同程度的风蚀危害,风蚀深度可达1~10厘米。据估计,我国每年由沙尘暴产生的土壤细粒物质流失高达$10^6$~$10^7$吨,其中绝大部分粒径在10微米以下,对源区农田和草场的土地生产力造成严重破坏。

(4)大气污染。在沙尘暴源地和影响区,大气中的可吸入颗粒物增加,大气污染加剧。以1993年"5·5"特强沙尘暴为例,甘肃省金昌市的室外空气的可吸入颗粒物浓度达到每立方米1016毫米,室内为每立方米80毫克,超过国家标准的40倍。2000年3~4月,北京地区受沙尘暴的影响,空气污染指数达到4级以上的有10天,同时影响到我国东部许多城市。3月24~30日,包括南京、杭州在内的18个城市的日污染指数超过4级。

(5)生产生活受影响。沙尘暴天气挟带的大量沙尘蔽日遮光,天气阴沉,造成太阳辐射减少,几小时到十几个小时恶劣的能见度,容易使人心情沉闷,工作学习效率降低。轻者可使大量牲畜患呼吸道及肠胃疾病,严重时将导致大量"春乏"牲畜死亡,刮走农田沃土、种子和幼苗。沙尘暴还会使地表层土壤风蚀、沙漠化加剧,覆盖在植物叶面上厚厚的沙尘,影响正常的光合作用,造成作物减产。

(6)生命财产损失。1993年5月5日,发生在甘肃省金昌、武威、民勤、白银等市的强沙尘暴天气,受灾农田253.55万亩,损失树木4.28万株,造成直接经济损失达2.36亿元,死亡50人,重伤153人。2000年4月12日,永昌、金昌、武威、民勤等市发生强沙尘暴天气,据不完全统计,仅金昌、威武两市直接经济损失达1534万元。

(7)影响交通安全(飞机、汽车等交通事故)。沙尘暴天气经常影响交通安全,造成飞机不能正常起飞或降落,使汽车、火车车厢玻璃破损、停运或脱轨。

(8)危害人体健康。当人暴露于沙尘天气中时,含有各种有毒化学物质、病菌等的尘土可透过层层防护进入到口、鼻、眼、耳中。这些含有大量有害物质的尘土若得不到及时清理,将对这些器官造成损害,或病菌以这些器官为侵入点,引发各种疾病。

# 为 什 么 会 引 起 旱 灾

旱灾指因气候严酷或不正常的干旱而形成的气象灾害。一般指因土壤水分不足,农作物水分平衡遭到破坏而减产或歉收从而带来粮食问题,甚至引发饥荒。同时,旱灾亦可令人类及动物因缺乏足够的饮用水而致死。

此外,旱灾后则容易发生蝗灾,进而引发更严重的饥荒,导致社会动荡。

旱灾的形成主要取决于气候。通常将年降水量少于250毫米的地区称为干旱地区,年降水量为250~500毫米的地区称为半干旱地区。世界上干旱地区约占全球陆地面积的25%,大部分集中在非洲撒哈拉沙漠边缘、中东和西亚、北美西部、澳大利亚的大部和中国的西北部。这些地区常年降水量稀少而且蒸发量大,农业主要依靠山区融雪或者上游地区来水,如果融雪量或来水量减少,就会造成干旱。世界上半干旱地区约占全球陆地面积的30%，包括非洲北部一些地区、欧洲南部、西南亚、北美中部以及中国北方等。这些地区降雨水少，而且分布不均，因而极易造成季节性干旱，或者常年干旱甚至连续干旱。

中国大部属于亚洲季风气候区，降水量受海陆分布、地形等因素影响，在区域间、季节间和多年间分布很不均衡，因此旱灾发生的时期和程度有明显的地区分布特点。秦岭淮河以北地区春旱突出，有"十年九春旱"之说。黄淮海地区经常出现春夏连旱，甚至春夏秋连旱，是全国受旱面积最大的区域。长江中下游地区主要是伏旱和伏秋连旱，有的年份虽在梅雨季节，还会因梅雨期缩短或少雨而形成干旱。西北大部分地区、东北地区西部常年受旱。西南地区春夏旱对农业生产影响较大，四川东部则经常出现伏秋旱。华南地区旱灾也时有发生。

旱灾是普遍性的自然灾害，不仅农业受灾，严重的还影响到工业生产、城市供水和生态环境。中国通常将农作物生长期内因缺水而影响正常生长称为受旱，受旱减产三成以上称为成灾。经常发生旱灾的地区称为易旱地区。

# 干旱和旱灾有什么区别

仅仅从自然的角度来看,干旱和旱灾是两个不同的科学概念。干旱通常指淡水总量少,不足以满足人的生存和经济发展的气候现象,它是因长期少雨而空气干燥、土壤缺水的气候现象。干旱一般是长期的现象,而旱灾却不同,它只是属于偶发性的自然灾害,甚至在通常水量丰富的地区也会因一时的气候异常而导致旱灾。旱灾是因土壤水分不足,不能满足牧草等农作物生长的需要,造成较大的减产或绝产的灾害。旱灾是普遍性的自然灾害,不仅农业受灾,严重的还影响到工业生产、城市供水和生态环境。中国通常将农作物生长期内因缺水而影响正常生长称为受旱,受旱减产三成以上称为成灾。经常发生旱灾的地区称为易旱地区。干旱和旱灾从古至今都是人类面临的主要自然灾害。即使在科学技术如此发达的今天,它们造成的灾难性后果仍然比比皆是。尤其值得注意的是,随着人类的经济发展和人口膨胀,水资源短缺现象日趋严重,这也直接导致了干旱地区的扩大与干旱化程度的加重,干旱化趋势已成为全球关注的问题。

# 干旱的危害及防御

干旱按受旱机制,可分为三类:土壤干旱、大气干旱和生理干旱。按发生时间,可分为春旱、夏旱、秋旱和冬旱。

土壤干旱,指长期无雨或少雨的情况下,又缺少灌溉条件,土壤中水分长期得不到补充,作物得不到正常的水分供应而遭受的危害,是最主要的干旱形式。大气干旱指气温高、湿度小、作物蒸腾失水快,根部吸水供不应求,虽然土壤中有足够的水分也来不及吸收,造成水分失调以致受害。如夏日的中午就易发生大气干旱。生理干旱是因为其他不利因素或农业技术措施不当而造成的体内水分失调,产生危害。如土壤温度过高或过低时,都会影响根系吸水,施用化肥过多,造成烧苗现象。

干旱的危害,以播种期、水分临界期、作物需水关键期的影响最大,造成出苗不全、不齐、不壮,影响受精过程、灌浆过程等。

干旱的防御,根本的途径是种草种树,改善生态环境,兴修水利,搞好农田基本建设。一方面要认识到水对植物生活的极端重要性,还要认识到

我国季风气候的特征就是降水分布的不均匀,经常性出现水灾、旱灾是必然的。"水利是农业的命脉"对我国来说,一点也不夸张。提倡节水灌溉,提高水分利用率,大水漫灌既浪费宝贵的水资源,还会带来不利影响。采用喷灌、滴灌、地下灌溉等先进方式,可节约大量水资源,效果也更好,不至于太多或太少。还可以采用覆盖、免耕技术,选用抗旱力强的品种,改革种植制度等。

# 什 么 是 泥 石 流

泥石流经常发生在峡谷地区和地震火山多发区,在暴雨期具有群发性。它是一股泥石洪流,瞬间爆发,是山区最严重的自然灾害。

多发地带在环太平洋褶皱带(山系)、阿尔卑斯—喜马拉雅褶皱带、欧亚大陆内部的一些褶皱山区。世界上有50多个国家存在泥石流的潜在威胁。其中比较严重的有哥伦比亚、秘鲁、瑞士、中国、日本。

中国有泥石流沟1万多条,其中的大多数分布在西藏、四川、云南、甘

肃。四川、云南多是雨水泥石流,青藏高原多是冰雪泥石流。中国有70多座县城受到泥石流的潜在威胁。日本竟然有泥石流沟62000多条,在春季和雨季经常爆发。

1970年,秘鲁的瓦斯卡兰山爆发泥石流,500多万立方米的雪水挟带泥石,以每小时100千米的速度冲向秘鲁的容加依城,造成2.3万人死亡,惨不忍睹。1985年,哥伦比亚的鲁伊斯火山泥石流,以每小时50千米的速度冲击了近3万平方千米的土地,其中包括城镇、农村、田地,哥伦比亚的阿美罗城成为废墟,造成2.5万人死亡,15万家畜死亡,13万人无家可归,经济损失高达50亿美元。1998年5月6日,意大利南部那不勒斯等地区突然遭到非常罕见的泥石流灾难,造成100多人死亡,200多人失踪,2000多人无家可归。

由于生态环境日益遭到严重的破坏,进入20世纪后,全球泥石流爆发频率急剧增加,发生逾百次。

# 泥石流的爆发有什么条件

泥石流是指在山区或者其他沟谷深壑,地形险峻的地区,因为暴雨暴雪或其他自然灾害引发的挟带有大量泥沙以及石块的特殊洪流。泥石流具有突然性以及流速快、流量大、物质容量大和破坏力强等特点。发生泥石流常常会冲毁公路、铁路等交通设施甚至村镇等,造成巨大损失。

泥石流的形成需要三个基本条件:有陡峭便于集水集物的适当地形;上游堆积有丰富的松散固体物质;短期内有突然性的大量流水来源。

## 1.地形地貌条件

在地形上具备山高沟深,地形陡峻,沟床纵度降大,流域形状便于水流汇集。在地貌上,泥石流的地貌一般可分为形成区、流通区和堆积区三部分。上游形成区的地形多为三面环山,一面出口为瓢状或漏斗状,地形比较开阔,周围山高坡陡、山体破碎,植被生长不良,这样的地形有利于水和碎屑物质的集中;中游流通区的地形多为狭窄陡深的峡谷,谷床纵坡降大,使泥石流能迅猛直泄;下游堆积区的地形为开阔平坦的山前平原或河谷阶地,使堆积物有堆积场所。

### 2.松散物质来源条件

泥石流常发生于地质构造复杂、断裂褶皱发育、新构造活动强烈、地震烈度较高的地区。地表岩石破碎、崩塌、错落、滑坡等不良地质现象发育,为泥石流的形成提供了丰富的固体物质来源;另外,岩层结构松散、软弱、易于风化、节理发育或软硬相间成层的地区,因易受破坏,也能为泥石流提供丰富的碎屑物来源;一些人类工程活动,如滥伐森林造成水土流失、开山采矿、采石弃渣等,往往也为泥石流提供大量的物质来源。

### 3.水源条件

水既是泥石流的重要组成部分,又是泥石流的激发条件和搬运介质(动力来源),泥石流的水源,有暴雨、水雪融水和水库溃决水体等形式。我国泥石流的水源主要是暴雨、长时间的连续降雨等。

## 什么是雷暴灾害

雷暴是积雨云强烈发展阶段产生的闪电鸣雷现象。它是云层之间、云地之间、云与空气之间的电位差增大到一定程度后的放电。它常伴有大风、暴雨以至于冰雹和龙卷风,是一种局部的但却很猛烈的灾害性天气。它不仅影响飞机、导弹等安全飞行,干扰无线电通信,而且击毁建筑物、输电和通信线路的支架、电杆、电气机车,损坏设备,引起火灾,击伤、击毙人畜等。例如1989年8月12日,中国石油天然气总公司胜利输油公司山东黄岛油库油罐因雷击爆炸起火,大火连续燃烧5天4夜,造成直接经济损失3540万元。

雷暴与其他灾害性天气相比有它的特殊性:

(1)时间短促。由于放电本身一般延续不到1秒钟,所以绝大多数雷暴灾害是在放电瞬间产生的。而且往往没有先兆,一刹那间,人畜骤亡,设备毁坏,系统失灵,防不胜防。

(2)遍及范围广,但仅局部地区受害。从雷暴的分布来说,在82°N~55°S之间地区都可以找到它的足迹。它比任何一种气象灾害分布都广。但就其造成的灾害而言,除雷暴引起森林大火外,大多又都是局部的、孤立的。

(3)发生的频率高。据统计,地球上每秒钟就有近100次雷电奔驰落地,发生频率之高也是其他气象灾害无法比拟的。

（4）立体性强。天空中飞行的飞机、升空的火箭及地面上的建筑物、人畜和高架的输电线路等都可能遭受雷暴的危害，这是一般的气象灾害所不具备的特点。

（5）富于神秘性。由于雷暴是一种特殊的放电过程，也是一种非接触危害源，其危害产生突然，表现特殊，富有神奇色彩。在人们尚未对它进行科学的解释或进行广泛的科普宣传的时候，甚至还带有浓厚的迷信色彩，一些迷信之谈曾使不少人对雷暴充满无限恐惧。

我国年雷暴日数分布大致有如下特点：南方比北方多，山地比平原多，内陆比沿海多。

云南南部、两广及海南省，纬度低，太阳辐射强，对流旺盛，雷暴活动特别频繁，是我国雷暴日数最多的地区。年平均雷暴日数达到90～100天，其中云南西双版纳和海南省中部山区可达110天以上。例如云南励腊年平均雷暴日数121.8天，海南儋州市117.6天等。由这一地区往北，随着纬度的增加，雷暴日数逐渐减少。长江中下游地区及福建大部为40～70天；江淮地区为30～40天；华北平原大部和陇海沿线在20～35天，是我国东部地区雷暴日数最少的地区，这可能与冷锋进入平原后加速南移有关。华北山地由于受地形影响，雷暴日数增加到40～50天。内蒙古和东北地区纬度较高，热对流较南方出现少，但锋面和气旋活动较频繁，年雷暴日数一般有30～40天，比华北平原还多。

沿海地区夏季受海洋影响，对流活动较弱，雷暴日数比同纬度的内陆少。青藏高原夏季是个巨大的热源，西南季风又提供了水汽，雷暴天气十分频繁，不少地区年雷暴日数一般都在50～70天或以上，成为全国雷暴的次多中心。西北干旱地区，由于大气层结构较稳定，雷暴极少发生，年雷暴日数一般不足30天，沙漠中心区域在15天以下，成为全国雷暴日数最少的地区。

雷暴活动有很强的季节性，主要集中在夏季。一年中，夏季最多，冬季最少。雷暴出现的开始月份一般从南往北、由东往西逐渐推迟，而终止月份大多在九十月份，与我国冬夏季风进退的季节性变化基本一致。具体是:云贵高原为2～11月,长江中下游以南为2～10月,四川盆地和青藏高原东部为3～10月,江淮地区为3～9月,黄淮海流域和藏北高原大部为4～9月,东北、西北西部、内蒙古、青藏高原西部为5～9月,沙漠地带为6～8月,南方极少数地区隆冬季节也能听到雷声。

雷暴是热力对流的产物,因此大陆上雷暴多出现在白天,集中期在午后到傍晚之间。而沿海和西部山区的许多河谷地区,由于夜间云顶辐射冷却,云层内不稳定性加大,易在夜间出现雷暴。

雷暴出现后,持续时间有所差异。有的只有几分钟,有的可持续数小时之久。一般而言,持续时间多在1～2小时,而且是南方地区比北方地区持续时间要长。

# 什么是雹灾

冰雹是对流性雹云降落的一种固态水,不少地区称为雹子、冷子和冷蛋子等,它是我国重要的灾害性天气之一。冰雹出现的范围虽较小,时间短,但来势猛、强度大,常伴有狂风骤雨,因此往往给局部地区的农牧业、工矿企业、电信、交通运输乃至于人民的生命财产造成较大损失。

根据冰雹的发生条件、发展过程、降雹的强度,通常分气团降雹、飑线降雹、冷锋降雹。气团降雹是一种弱降雹天气,雹块小,降雹范围也不大,危害较轻。飑线降雹多数是指在冷气流和暖湿气流的共同影响下产生的,是一种强烈的降雹天气。一般雹块较大,移动快,波及的范围也较大,通常使十几个县甚至几十个县严重受灾。冷锋降雹和飑线降雹类似,也是强烈的降雹天气,它的生成直接与锋面活动有关,严重时常造成几十个县受灾。

我国年降雹日数的地区特点比较明显,大体上从东北到西藏这一条,东北—西南向地带中冰雹多,其两侧的广大东南地区和西北内陆干旱地区(山区除外)冰雹少。

青藏高原是我国雹日最多、范围最大的地区,四川理塘、松潘以西的大

部分地区年平均雹日都在8天以上,其中最多中心在拉萨以北的西藏东部地区,那里每年平均雹日达35.7天,川西高原和青海东南部地区是冰雹次多中心,四川色达年平均雹日为23.9天。其次,祁连山区东段雹日可达7～15天;天山西段山区5～10天以上,昭苏甚至达20.7天,是除青藏高原外全国降雹最多的气象站。

此外,阴山及燕山地区年平均雹日3～5天,大小兴安岭和长白山区2～3天,云贵高原、川黔湘鄂边缘山区和黄土高原年平均雹日为1～3天不等,都是我国冰雹较多的地区。

广大东南地区和西北内陆干旱地区是我国冰雹最少的地区。具体地说,西北内陆诸干旱盆地、华北平原、长江中下游地区及四川盆地,年平均雹日都在0.4～0.5天以下;华南沿海及海南岛等地在0.2天以下,甚至从不出现。这是因为这些地区上空为0℃层很高,低层空气又暖,冰雹常不及地就已融化分散成为雨滴。

冰雹一般随海拔增高而增多,例如五台山、华山、黄山、庐山、峨眉山等

山顶气象站的雹日都较其附近的气象台站雹日多1~3天。

总体来说,我国年平均雹日的地区分布特点是:西部多,东部少,山区多,平原和盆地少。由于东部及平原地区是我国主要的农业地区,降雹次数虽少,但多出现在农作物生长的关键时期,且雹块一般比西部大,所以冰雹对农作物所造成的危害要较西部地区严重。

根据全国台站年内降雹日数的变化,可以把我国各地降雹的季节变化类型分为以下4种:

(1)春雹区。以2~4月或3~5月雹日最多,这3个月雹日一般占本地区全年雹日数的70%以上。

(2)春夏雹区。以4~7月雹日最多,4个月的雹日一般占本地区全年雹日的75%以上。

(3)夏雹区。以5~9月或6~9月雹日最多,5个月(或4个月)的雹日一般占本地区全年雹日的85%(或90%)以上,是我国降雹日数最多、雹季最长的地区。

(4)双峰型雹区。以5~6月及9~10月雹日最多,4个月的雹日一般占本地区年雹日的70%以上。

降雹的日变化一般比较规律,我国大部分地区降雹开始时间多出现在午后至傍晚这段时间内,这是因为这时候近地层中对流最旺盛。但湖南西部、湖北西南部、重庆、贵州东部等地区降雹开始时间多发生在夜间。这可能是上述地区白天多云,地层太阳辐射增温少,对流较弱,而夜间云顶辐射冷却使上下对流加强的缘故。

从各地调查反映的情况来看,冰雹发生地依天气形势、季节和地形而变化。一般说来,山脉的阳坡、迎风坡以及地表复杂的地区等地容易出现冰雹。

冰雹的移动路径主要取决于所处的天气系统的位置和气流方向以及当地的地形。我国大部地区处于西风带,天气系统多由西向东或由西北向东南移动。所以冰雹也多由西向东或由西北向东南移动。由于受当地地形的影响,冰雹走向又常与山脉、河流走向一致。

降雹和天气系统紧密相联系,又受地形和下垫面状况的影响极大。即使在相同的天气形势和气象条件之下,冰雹的出现地区和强度也会有很大不同。从历史资料和各地反映的情况来看:高原和山地降雹较多而平原较少;迎风坡较多,背风坡较少;山脉南坡多,北坡少;高山多,河谷少;地势起伏大、相对高度差大的地区多,地势起伏小、相对高度差小的地区少;地表复杂的地区多,地表单一的地区少;植被少的地区多,植被多的地区少。

## 什么是霜冻

霜冻是指在一年的温暖时期里,土壤表面和植株表面的温度下降到足以引起农作物遭受伤害或死亡的温度。因此霜冻发生时,近地层的气温一般可以在0℃以下;也可在5℃以下的范围内。有霜冻发生时,不一定有白色冰晶出现,这种情况有的地方把它叫作暗霜。箱冻又分春霜冻和秋霜冻。春霜冻出现在春末许多农作物已恢复生长的时期,这时期农作物的抗冻力较弱,容易受低温的伤害而影响生长。秋霜冻特别是早秋的霜冻出现时,天气还比较暖和,农作物还没有停止生长就进入越冬期,因此霜冻出现,会使秋熟作物过早地停止生长,引起产量降低,收获物质量变差。

我国各地早、晚霜冻出现的大致时期是:东北、内蒙古一带早霜冻出现在9月上旬至10月上旬,晚霜冻出现在4月中下旬;华北一带早霜冻出现在10月上旬至11月上中旬,晚霜冻出现在3月中旬至4月上旬。防止霜冻的根本方法在于事前预防。

## 为什么霜冻会导致农作物受害

霜冻导致农作物受害的原理是什么呢?农作物内部都是由许许多多的细胞组成的,作物内部细胞与细胞之间的水分,当温度降到0℃以下时就开始结冰,从物理学中得知,物体结冰时,体积要膨胀。因此当细胞之间的冰粒增大时,细胞就会受到压缩,细胞内部的水分被迫向外渗透出来,细胞失掉过多的水分,它内部原来的胶状物就逐渐凝固起来,特别是在霜冻以后,气温又突然回升,农作物渗出来的水分很快变成水汽散失掉,细胞失去的水分没法复原,农作物便会死去。

霜冻提前给农作物生产带来很大的影响,下面介绍一些霜冻的防御措施:

(1)灌溉法。在霜冻发生的前一天灌水,保温效果较好。它的原理是:灌水后土壤中的水分含量高,相对气体就少,土壤热容量大,土壤升、降温幅度小,发生霜冻后危害小。而不灌水的土壤中的水分含量低,相对气体多,土壤热容量小,故此土壤升、降温幅度大,发生霜冻后危害大。据试验,灌水后的作物叶面温度在夜间可比不灌水的提高 1～2℃。

(2)熏烟法。燃烧柴草等发烟物体,在作物上面形成烟幕,使作物降温慢,并增加株间温度。一般熏烟能达到增温0.5～2℃的效果。

(3)覆盖法。用草帘、席子、草灰、尼龙布、作物秸秆、纸张等覆盖,或用土覆盖,可使地面热量不易散失。

# 什么是冻害

冻害是农业气象灾害的一种，即0℃以下的低温使作物体内结冰，对作物造成的伤害。常发生的有越冬作物冻害、果树冻害和经济林木冻害等。冻害对农业威胁很大，如美国的柑橘生产、中国的冬小麦和柑橘生产常因冻害而遭受巨大损失。

冻害在中、高纬度地区发生较多。北美中西部大平原、东欧、中欧是冬小麦冻害主要发生地区。中国受冻害影响最大的是北方冬小麦区北部，主要有准噶尔盆地南缘的北疆冻害区，甘肃东部、陕西北部和山西中部的黄土高原冻害区，山西北部、燕山山区和辽宁南部一带的冻害区以及北京、天津、河北和山东北部的华北平原冻害区。在长江流域和华南地区，冻害发生的次数虽少，但丘陵山地对南下冷空气的阻滞作用，常使冷空气堆积，导致较长时间气温偏低，并伴有降雪、冻雨天气，使麦类、油菜、蚕豆、豌豆和柑橘等受严重冻害。

冻害分为作物生长时期的霜（白霜和黑霜）冻害和作物休眠时期的寒冻害两种。霜冻害指春季冬麦返青后或春播作物出苗后，桃、葡萄、苹果等果树萌发或开花后遇到特别推迟的晚霜，和秋季冬麦出苗后或春播或夏播作物未成熟，果树尚未落叶休眠时遇到特别提前的早霜而受害。橡胶树等热带作物冬季休眠期不明显，当气温降至0℃或零下几度时，极易受到霜冻害；而冬麦、葡萄、苹果等休眠时，当气温降至零下十几度、二十几度时才受害。作物受冻害的程度除取决于低温强度外，还与低温的持续时间、当时的天气情况、作物品种及受冻前的适应情况等有关。

不同作物受冻害的特点不同，如冬小麦主要可分为冬季严寒型、入冬剧烈降温型、早春融冻型。冬季严寒型是指冬季无积雪或积雪不稳定时易受害；入冬剧烈降温型是指麦苗停止生长前后气温骤然大幅度下降，或冬小麦播种后前期气温偏高、生长过旺时遇冷空气易受害；早春融冻型是指早春回暖融冻，春苗开始萌动时遇较强冷空气易受害等。不同作物、品种的冻害指标也各不相同,如小麦多采用植株受冻死亡50%以上时分蘖节处的最低温度作为冻害的临界温度,即衡量植株抗寒力的指标。抗寒性较强品种的冻害临界温度是-17~-19℃,抗寒性弱的品种是-15~-18℃。成龄果树发生严重冻害的临界温度:柑橘为-7~-9℃,葡萄为-16~-20℃。

冻害的造成与降温速度、低温的强度和持续时间、低温出现前后和期间的天气状况、气温日较差等各种气象要素之间的配合有关。在植株组织处于旺盛分裂增殖时期,即使气温短时期下降,也会受害;相反,休眠时期的植物体则抗冻性强。各发育期的抗冻能力一般依下列顺序递减:花蕾着色期→开花期→坐果期。

为了防御冻害,宜根据当地温度条件,选用抗寒品种,并确定不同作物的种植北界和海拔上限。防冻的栽培措施包括越冬作物播种适时、播种深度适宜、北界附近实施沟播和适时浇灌冻水、果树夏季适时摘心、秋季控制灌水、冬前修剪等。各种形式的覆盖,如葡萄埋土、果树主干包草、柑橘苗覆盖草帘和风障,以及经济作物覆盖塑料薄膜等,也有良好的防冻效果。

# 雷击会造成哪些危害

雷击是雷电发生时,由于强大电流的通过而杀伤或破坏人畜、树木或建筑物等的现象。一部分带电的云层与另一部分带异种电荷的云层,或者是带电的云层对大地之间迅猛的放电。这种迅猛的放电过程产生强烈的闪电并伴随巨大的声音。这就是我们所看到的闪电和雷鸣。

当然,云层之间的放电主要对飞行器有危害,对地面上的建筑物和人畜没有很大影响,云层对大地的放电,则对建筑物、电子电气设备和人畜危害甚大。

通常雷击有三种主要形式:其一是带电的云层与大地上某一点之间发生迅猛的放电现象,叫作直击雷。其二是带电云层由于静电感应作用,使地面某一范围带上异种电荷。当直击雷发生以后,云层带电迅速消失,而地面某些范围由于散流电阻大,以致出现局部高电压,或者由于直击雷放电过程中,强大的脉冲电流对周围的导线或金属物产生电磁感应发生高电压以致发生闪击的现象,叫作二次雷或称感应雷。其三是球形雷。

雷击造成的危害主要有五种:

(1)直击雷。带电的云层对大地上的某一点发生猛烈的放电现象,称为直击雷。它的破坏力十分巨大,若不能迅速将其泄放入大地,将导致放电通道内的物体、建筑物、设施、人畜遭受严重的破坏或损害,甚至危及人畜的生命安全。

(2)雷电波侵入。雷电不直接放电在建筑和设备本身上,而是对布放在建筑物外部的线缆放电。线缆上的雷电波或过电压几乎以光速沿着电缆线路扩散,侵入并危及室内电子设备和自动化控制等各个系统。因此,往往在听到雷声之前,我们的电子设备、控制系统等可能已经损坏。

(3)感应过电压。雷击在设备设施或线路的附近发生,或闪电不直接对地放电,只在云层与云层之间发生放电现象。闪电释放电荷,并在电源和数据传输线路及金属管道金属支架上感应生成过电压。

雷击放电于具有避雷设施的建筑物时,雷电波沿着建筑物顶部接闪器(避雷带、避雷线、避雷网或避雷针)、引下线泄放到大地的过程中,会在引下线周围形成强大的瞬变磁场,轻则造成电子设备受到干扰,数据丢失,产生误动作或暂时瘫痪;严重时可引起元器件击穿及电路板烧毁,使整个系统陷于瘫痪。

(4)系统内部操作过电压。因断路器的操作、电力重负荷以及感性负荷的投入和切除、系统短路故障等系统内部状态的变化而使系统参数发生改变,引起的电力系统内部电磁能量转化,从而产生内部过电压,即操作过电压。

操作过电压的幅值虽小,但发生的概率却远远大于雷电感应过电压。实验证明,无论是感应过电压还是内部操作过电压,均为暂态过电压(或称瞬时过电压),最终以电气浪涌的方式危及电子设备,包括破坏印刷电路印制线、元件和绝缘过早老化寿命缩短、破坏数据库或使软件错误操作,使一些控制元件失控。

(5)地电位反击。如果雷电直接击中具有避雷装置的建筑物或设施,接地网的地电位会在数微秒之内被抬高数万伏或数十万伏。高度破坏性的雷电流将从各种装置的接地部分,流向供电系统或各种网络信号系统,或者击穿大地绝缘而流向另一设施的供电系统或各种网络信号系统,从而反击破坏或损害电子设备。同时,在未实行等电位连接的导线回路中,可能诱发高电位而产生火花放电的危险。

# 什么是森林火灾

森林火灾,是指失去人为控制,在林地内自由蔓延和扩展,对森林、森林生态系统和人类带来一定危害与损失的林火行为。森林火灾是一种突发性强、破坏性大、处置救助较为困难的自然灾害。

林火发生后,按照对林木是否造成损失及过火面积的大小,可把森林火灾分为森林火警（受害森林面积不足1公顷或其他林地火）、一般森林火灾（受害森林面积在1公顷以上在100公顷以下）、重大森林火灾（受害森林面积在100公顷以上1000公顷以下）、特大森林火灾（受害森林面积1000公顷以上）。

人为原因是产生森林火灾最大的一个因素；其次，长期的天气干燥也可能导致地面温度持续升高，森林物质易引起自燃。而且雷击也可以导致火灾的发生。

# 什 么 是 地 面 塌 陷

地面塌陷是指地表岩、土体在自然或人为因素作用下向下陷落，并在地面形成塌陷坑（洞）的一种动力地质现象。由于其发育的地质条件和作用因素的不同，地面塌陷可分为岩溶塌陷和非岩溶性塌陷。

岩溶塌陷是由于可溶岩（以碳酸岩为主，其次有石膏、岩盐等）中存在的岩溶洞隙而产生的。在可溶岩上有松散土层覆盖的覆盖岩溶区，塌陷主要产生在土层中，称为"土层塌陷"，其发育数量最多、分布最广；当组成洞隙顶板的各类岩石较破碎时，也可发生顶板陷落的"基岩塌陷"。岩溶塌陷的平面形态具有圆形、椭圆形、长条形及不规则形等，主要与岩溶洞隙的开口形状及其上覆岩土体的性质在平面上分布的均一性有关。其剖面形态具有坛状、井状、漏斗状、碟状及不规则状等，主要与塌层的性质有关，黏性土层塌陷多呈坛状或井状，沙土层塌陷多具漏斗状，松散土层塌陷常呈碟状，基岩塌陷剖面常呈不规则的梯状。岩溶塌陷的规模以个体塌陷坑的大小表征，主要取决于岩溶发育程度、洞隙开口大小及其上覆盖层厚度等因素。

非岩溶性塌陷是由于非岩溶洞穴产生的塌陷，如采空塌陷、黄土地区黄土陷穴引起的塌陷、玄武岩地区其通道顶板产生的塌陷等。后两者分布较局限。采空塌陷指煤矿及金属矿山的地下采空区顶板易落塌陷。

在上述几类塌陷中,岩溶塌陷分布最广、数量最多、发生频率高、诱发因素最多,且具有较强的隐蔽性和突发性特点,严重地威胁到人们的生命财产安全,因此在此着重论述。

虽然地面塌陷具有随机、突发的特点,有些防不胜防,但它的发生是有其内在原因和外部原因的。我们完全可以针对塌陷的原因,事前采取一些必要的措施,以避免或减少灾害的损失。这些预防措施主要包括以下几方面:

(1)采取措施减少地表水的下渗。经过对北京西山塌陷区部分塌陷发生年份的统计分析,发现50%左右的塌陷发生在雨季。门头沟区门城镇老空区发生的数十起塌陷事件,90%以上发生在居民的厨房,另外不足10%则与地下输水管线跑、冒、渗、漏有关。这足以说明水是塌陷发生不可忽视的触发因素之一。因此,首先应注意雨季前疏通地表排水沟渠,降雨季节时刻提高警惕,加强防范意识,发现异常情况及时躲避;其次是加强地下输水管线的管理,发现问题及时解决;最后做好地表排水系统和地下排水系统的防水工作,特别是居民厨房下水道的防水工作。

(2)合理采矿,预留保护煤柱。合理科学的采矿方案,可以防止或减少塌陷的发生,特别是小煤窑不能影响煤矿的安全和开采规划。采矿单位应向地方规划部门提供采空区位置及有关资料,以便于工程建设单位根据采空区位置进行勘察设计工作。采煤时建筑物下预留保护柱,按等级确定保护带宽度。

(3)加强采空区的地质工程勘察工作。地面塌陷的不断发生,另一方面原因是采空区上的工程勘察工作做的不到位。由于地下采空区情况不明,因此只能在塌陷事件突发后再去进行勘察,研究治理办法。我们应未雨绸缪,加强塌陷区地质工程勘察和资料收集分析工作。对勘察工作确定的重点塌陷危险区,应坚决采取搬迁措施。

(4)防治结合,提升工程自身防护能力。在采空区进行工程建设时,应尽可能绕避最危险的地方。对不能绕避的塌陷区、采空区,根据实际情况采取压力灌浆等工程措施,对已坍塌的地区进行填堵、夯实,条件许可时还

可采取直梁、拱梁、伐板等方法跨越塌陷坑。设计时加强建筑物的整体性，并加强工程本身的防护能力，如缩短变形缝、防渗漏等措施。